解 读 地 球 密 码

丛书主编　孔庆友

梦幻世界

岩溶

Karst
The Wonderland

本书主编　刘洪亮　杨丽芝　叶进霞

山东科学技术出版社
·济南·

图书在版编目（CIP）数据

梦幻世界——岩溶 / 刘洪亮，杨丽芝，叶进霞主编 . -- 济南：山东科学技术出版社，2016.6（2023.4重印）
（解读地球密码）
ISBN 978-7-5331-8356-1

Ⅰ . ①梦… Ⅱ . ①刘… ②杨… ③叶… Ⅲ . ①岩溶－普及读物 Ⅳ . ① P642.25-49

中国版本图书馆 CIP 数据核字（2016）第 141404 号

丛书主编　孔庆友
本书主编　刘洪亮　杨丽芝　叶进霞
参与人员　商婷婷　于清善　姚英强

梦幻世界——岩溶
MENGHUAN SHIJIE——YANRONG

责任编辑：梁天宏
装帧设计：魏　然

主管单位：山东出版传媒股份有限公司
出 版 者：山东科学技术出版社
　　　　　地址：济南市市中区舜耕路 517 号
　　　　　邮编：250003　电话：（0531）82098088
　　　　　网址：www.lkj.com.cn
　　　　　电子邮件：sdkj@sdcbcm.com
发 行 者：山东科学技术出版社
　　　　　地址：济南市市中区舜耕路 517 号
　　　　　邮编：250003　电话：（0531）82098067
印 刷 者：三河市嵩川印刷有限公司
　　　　　地址：三河市杨庄镇肖庄子
　　　　　邮编：065200　电话：（0316）3650395

规　　格：16 开（185 mm×240 mm）
印　　张：9　字数：162 千
版　　次：2016 年 6 月第 1 版　印次：2023 年 4 月第 4 次印刷
定　　价：38.00 元
审图号：GS（2017）1091 号

普及地质科学知识

提高民族科学素质

李廷栋

2016年九月

传播地学知识，弘扬科学精神，
践行绿色发展观，为建设
美好地球村而努力。

翟裕生
2015年10月

贺　词

　　自然资源、自然环境、自然灾害，这些人类面临的重大课题都与地学密切相关，山东同仁编著的《解读地球密码》科普丛书以地学原理和地质事实科学、真实、通俗地回答了公众关心的问题。相信其出版对于普及地学知识，提高全民科学素质，具有重大意义，并将促进我国地学科普事业的发展。

国土资源部总工程师　　　　　　　　

　　编辑出版《解读地球密码》科普丛书，举行业之力，集众家之言，解地球之理，展齐鲁之貌，结地学之果，蔚为大观，实为壮举，必将广布社会，流传长远。人类只有一个地球，只有认识地球、热爱地球，才能保护地球、珍惜地球，使人地合一、时空长存、宇宙永昌、乾坤安宁。

山东省国土资源厅副厅长　　　　　　　　

编著者寄语

★ 地学是关于地球科学的学问。它是数、理、化、天、地、生、农、工、医九大学科之一，既是一门基础科学，也是一门应用科学。

★ 地球是我们的生存之地、衣食之源。地学与人类的生产生活和经济社会可持续发展紧密相连。

★ 以地学理论说清道理，以地质现象揭秘释惑，以地学领域广采博引，是本丛书最大的特色。

★ 普及地球科学知识，提高全民科学素质，突出科学性、知识性和趣味性，是编著者的应尽责任和共同愿望。

★ 本丛书参考了大量资料和网络信息，得到了诸作者、有关网站和单位的热情帮助和鼎力支持，在此一并表示由衷谢意！

科学指导

李廷栋　中国科学院院士、著名地质学家
翟裕生　中国科学院院士、著名矿床学家

编著委员会

目　录
CONTENTS

 Part 1 岩溶知识解读

Part 2 岩溶成因探寻

岩溶的发育机理/15

水、可溶岩和二氧化碳是岩溶发育的基础，地质构造条件和气候等是岩溶发育的控制因素。

岩溶的发育过程/20

岩溶发育经历幼年期、壮年期、壮年后期和老年期，完成一个完整的发展序列。我们所看到的奇峰、异洞、深峡等岩溶景观，是不同岩溶发育时期的各种岩溶现象的组合。

典型岩溶现象的成因/21

岩溶类型千姿百态，其形成也各有不同的物质条件和不同的控制因素。让我们一起来了解它们的成因吧。

Part 3 世界岩溶漫步

世界岩溶分布/37

世界陆地主要的岩溶区分布在地中海盆地、北美、中美洲、加勒比海盆地、东南亚、中国、俄罗斯、乌克兰和大洋洲。五大洲中，目前已知的有50多个国家有岩溶分布。

欧洲地区/38

主要分布在地中海盆地的迪纳拉山区、法国中央高原、意大利、希腊、匈牙利、捷克以及英国的中部、俄罗斯中部的乌拉尔山区。

美洲地区/44

北美的美国、加拿大，中美的墨西哥及加勒比海盆地的古巴、牙买加、多米尼亚、波多黎各、洪都拉斯、危地马拉、委瑞内拉等都分布有较多的碳酸盐岩，地下岩溶较发育，溶洞和天坑居多。

亚洲地区/51

以中国为代表的亚洲地区碳酸盐岩分布十分广泛。除中国外，日本、韩国、越南、马来西亚、土耳其、黎巴嫩、巴布亚新几内亚等国家均有分布，岩溶发育各有千秋。

大洋洲地区/54

大洋洲分布碳酸盐岩面积较大的国家有澳大利亚、新西兰等，其次是巴布亚新几内亚，其他岛国或许也有碳酸盐岩的分布，尚有待进一步科学考察。

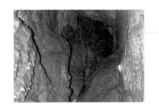

非洲地区/57

北非的碳酸盐岩中夹有盐岩和石膏层，大部分被沙漠埋了起来。沙漠之下也可能有被埋藏的溶洞，还有待进一步考证。南部非洲的碳酸盐岩主要沿海分布，在海岸带的灰岩中发育一些岩溶洞穴，在洞穴中发现有古人类遗址。

 Part 4 中国岩溶巡礼

中国岩溶分布及特征/60

中国岩溶从热带到温带、从湿润到半干旱地区，从滨海到高山都有分布，约占国土面积的三分之一。以中国南方的滇、黔、桂岩溶高原及临近的川、渝、湘、鄂地区和中国北方的山西高原及临近的冀、豫、鲁地区两个连片岩溶发育区最为重要。

中国岩溶景观/70

中国岩溶景观包罗万象，世界上其他地方有的岩溶景观，在中国基本上都能找得到。主要包括峰、林、洞、谷、瀑、泉6个方面，既可独立成景，也可相互结合构成综合性景观。

中国岩溶研究/101

中国岩溶的研究历史可追溯到纪元之前，商代甲骨文对济南泉水的记载。历朝历代的科学家对岩溶都有深入研究，我们所熟知的《山海经》《楚辞》《庄子》《梦溪笔谈》《水经注》《徐霞客游记》等都是岩溶研究的著作。

Part 5 山东岩溶扫描

山东岩溶分布及类型/105

山东是我国北方岩溶发育的典型地区之一，主要分布在鲁中南山区，面积约为全省总面积的15%。山东岩溶主要属于溶蚀—侵蚀类型的低山河谷型，由于碳酸盐岩缺少连续沉积，使得山东岩溶发育的规模受到限制。

山东岩溶景观/106

山东岩溶景观虽不如南方岩溶那样壮美，但也独具特色。崮岱地貌，是山东独有的岩溶景观，济南泉水也是名满天下。山东的溶洞规模虽不大，但洞内的秀美也毫不逊色。

Part 6 溶洞乾坤概说

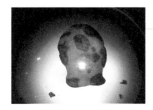

古人类的栖息地/115

洞穴为人类的祖先提供了天然的居住场所，为人类繁衍生息及进化做出了重大贡献。人类的远祖近亲，都是考古学家在岩溶洞穴中发现的。距今180多万年前重庆巫山古洞穴的古猿人，或许足以表明中国也是人类最早发源地之一。

文明的载体/117

人类文明也起源于洞穴。古人类在岩壁上留下的岩画碑文，在洞穴中留下的生产工具、祭祀用品，甚至亭台楼阁，都记录了人类文明进步的进程。

大千洞藏/121

洞穴相对隐蔽，环境幽静、温度和湿度适中，不仅是人类文明的保护者，还是人类文明及物质生产的参与者。书籍收藏、酿酒、军工研制、水力发电等，都显示出洞穴环境的优越。

地学知识窗

　　爱好旅游的朋友都向往桂林的山水，一句"桂林山水甲天下"，道尽了人们对桂林景色的赞美，还有那七星岩洞、芦笛岩洞、莲花洞等晶莹奇异的地下洞穴，令人无限感慨天工造物之神奇。云南昆明峥嵘崔嵬、耸向蓝天的石林和地下神秘洞穴，仿佛是小蜜蜂领着阿黑和美丽的阿诗玛姑娘在迷宫中急急寻找回家的路。源于雪山、东流入海的长江，劈开重岩叠嶂，留下了瞿塘峡、巫峡和西陵峡三大峡谷。还有九寨沟那闪动灵光的钙华坝，贵州高原上"一溪悬捣，万练飞空"的黄果树瀑布及瀑布下钙华堆积而成的水帘洞，济南市中心翻腾跳跃的趵突泉……这些奇峰异洞、深峡大泉的背后有一个共同的名字——岩溶，那么，岩溶是什么呢？

岩溶及岩溶作用

溶，是水对可溶性岩石（碳酸盐岩、石膏、岩盐等）进行以化学溶蚀作用为主，流水的冲蚀、潜蚀和崩塌等机械作用为辅的地质作用，以及由这些作用所产生的现象的总称。岩溶又名喀斯特（karst）。

顾名思义，岩溶就是对岩石的溶解。凡是地表水和地下水对可溶性岩石的破坏和改造作用都叫作岩溶作用。

岩溶作用的结果，通常是在地表形成各种奇峰、柱石、洼地、谷地，并产生大泉，塑造出各种地表奇观（图1-1）；

——地学知识窗——

岩 溶

岩溶，国际上称为Karst（音译为喀斯特），1966年3月，在广西桂林召开的中国地质学会第一次全国岩溶学术会议上，专家们认为喀斯特在我国分布广泛而典型，与广大民众的日常生活及工农业建设关系密切，且"喀斯特"不易为群众所理解，因而决定选用"岩溶"这一名称。

喀 斯 特

喀斯特原为Kras，即石头的意思，是斯洛文尼亚境内伊斯特里亚半岛上一个有石灰岩分布的地方的地名。这个地方靠近意大利，意大利人称之为Carso，而德国人称之为Karst。因早期有关研究这种石灰岩的景观多用德文，后来即以德语Karst命名这类地貌现象；英文也沿用此名称。我国也像世界上其他国家那样，在描述或研究这种孕育着奇峰异洞的石灰岩地貌时，沿用这一专有名词，并音译为"喀斯特"。

在地下则发育成各种溶隙、通道、溶洞、暗河，形成多种宝贵的矿产资源和各种奇异现象，构成了神秘的地下迷宫。各种地表岩溶景观和地下洞穴现象，构成具有鲜明特色和多姿多彩的梦幻般的世界。

▲ ▼ 图1-1 地表岩溶景观（上为石林柱石，下为天生桥——穿洞）

岩溶现象及定名

徐霞客在其游记中用了3/4的篇幅，即《粤西游日记》《黔游日记》和《滇游日记》来描述岩溶现象，并沿用或创立了许多专用名词，如"坞"（岩溶洼地与坡立谷），"环洼"（圆洼地），"盘洼"（漏斗），"碗井"或"穴地"（落水洞），"石山""峰林""石梁""洞""隙""窝""石乳""乳柱"（石柱）等。徐霞客之后，有关岩溶现象的名词，我国民间也有较多发展，如"坝"或"平坝"（指大的洼地、谷地或盆地），"龙潭"（泉水），"沟"（岩溶沟谷或长条形洼地），"槽"（封闭洼地），"天然井"（有水的落水洞），"珍珠泉"和"葡萄泉"（指带有气泡冒出的水泉），"转龙""多潮泉"和"潮汐泉"（指间歇性涌出或周期性增大流量的水泉），"雷公井""反复泉"（指枯水期消落地表水，而雷雨洪水季节上涌岩溶地下水的落水洞或竖井及其地表所形成的水泉），"地陷"（岩溶塌陷），等等。这些岩溶名词，我国目前仍广泛地沿用着。

水对可溶岩产生的溶蚀现象有多种：如岩面岩溶现象，包括溶孔、生物溶痕、水流痕、溶蚀层面、溶蚀裂隙、溶蚀断层、溶沟溶槽、溶牙等；岩溶地貌个体现象，包括石柱、岩溶岗丘、岩溶山峰、岩溶漏斗、岩溶洼地、岩溶谷地等（图1-2）；岩溶洞穴现象、岩溶泉。

岩溶洞穴里主要有两种岩溶现象，洞穴微地貌和洞穴沉积物。

洞穴微地貌包括流痕类、窝穴类、沟槽类、井管类、洞壁突出物类等主要类型。流痕类包括波状流痕、流纹、波痕、贝窝；穴口状流痕包括贝穴、天三角。窝穴类包括窝穴、点穴、杯穴、碗穴、缸穴、天锅、球穴。沟槽类包括边槽、蚀龛、堑沟、天沟、竖向沟痕。井管类包括

▲ 图1-2　主要个体岩溶现象示意图

图左侧的平滑面，为溶蚀层面；层面上尚有溶蚀裂隙；沿溶蚀裂隙进一步溶蚀成沟、槽形态，即为溶沟溶槽；图中间部分，溶沟溶槽的深度较大，碳酸盐岩凸出的部分为溶蚀后残留的岩体，称为石芽；右侧为一个溶蚀残留的石柱。

天钟、天筒、天井、竖井、溶蚀管。洞壁突出物类包括倒石芽、钟乳状吊岩、角石、天鳍、洞桥、岩柞、石台、石芽等。有溶蚀侵蚀就会有沉积，水溶蚀的碳酸盐岩在合适的条件就会产生沉积，以洞穴内的化学沉积最为常见，也最具美学价值。

自然界往往多个相同的岩溶个体或多种岩溶现象在同一地同时出现，这就是岩溶现象集合。例如，溶孔集合出现，可以呈星点状、串珠状、羽毛状、格架状、蜂窝状等。岩面岩溶现象也可集合成为星散状洼地、格架状洼地、狭条状谷地（或洼地）、鳞片状谷地（或洼地）、叶脉状（或羽毛状）洼地（或谷地）、蜂窝状洼地（或谷地），这些集合形态的发育，是受构造条件控制的。

岩溶现象的集合，就组成了岩溶地貌景观。例如负态岩溶地貌景观的成群出现，就成了漏斗群、洼地群、竖井群等；正态岩溶地貌景观的成群出现就成了峰丛、石林、峰林等。岩溶地貌景观的

5

复合出现，反映岩溶的发育程度与规模，也是岩溶景观"观赏性"的一个重要指标（表1-1）。

表1-1 　　　　　　　　　　　　复合岩溶地貌景观组成表

正态岩溶地貌现象集合体	复合	负态岩溶地貌现象集合体	复合岩溶地貌景观
溶蚀石柱集合体—石林	+	溶蚀洼地群	石林洼地
溶岗集合体—溶丘	+	溶蚀洼地群	溶丘洼地
溶峰集合体—峰丛	+	溶蚀洼地群	峰丛洼地
溶丘	+	溶蚀谷地	溶丘谷地
峰丛	+	溶蚀谷地	峰丛谷地
溶峰集合体—峰林	+	溶蚀谷地	峰林谷地
溶峰分散孤立—孤峰	+	平原	孤峰平原
残峰	+	平原	残峰平原

先有岩溶作用，后有岩溶现象，二者既是因果，也相互促进（图1-3）。

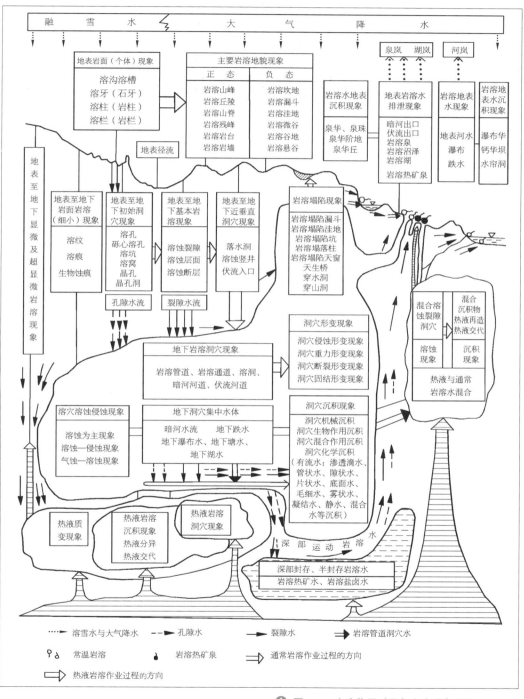

▲ 图1-3 岩溶作用过程与岩溶现象的关系示意图

岩溶的类型及分类

自然界岩溶现象比比皆是，岩溶个体不仅数量多，而且千差万别，怎样将众多的岩溶现象和个体分类，以便找出岩溶发育的规律？以往的岩溶研究专家从各个角度对岩溶进行了研究，也从不同角度对岩溶进行了分类，例如气候专家以气候条件为依据，对岩溶进行分类。其他分类依据还包括地域条件、岩溶的形态特征、出露条件、可溶岩岩性、水文地质条件等等（表1–2）。本书主要根据岩溶过程中溶蚀方式，结合可溶岩的地质构造条件，从岩溶地貌景观角度，对岩溶发育特

表1–2 岩溶分类依据及类型

分类依据	岩溶类型
气候带	冰川岩溶、寒带岩溶、温带岩溶、中欧型岩溶、亚热带岩溶、地中海型岩溶、热带岩溶、干旱区岩溶
高度或地貌区	高山岩溶、高原岩溶、丘陵平原岩溶、滨海岩溶、礁坪岩溶
出露条件	裸露岩溶、隐伏岩溶、埋藏岩溶、悬挂岩溶、绿岩溶
所在深度	地表岩溶、地下岩溶、浅层岩溶、深部岩溶
形成时期	化石岩溶、现代岩溶、古岩溶
可溶岩岩性	碳酸盐岩岩溶（石灰岩岩溶、白云岩岩溶）、硫酸盐岩岩溶（石膏岩溶）
水文地质条件	包气带岩溶、饱水带岩溶、深部缓流带岩溶
溶蚀特征	溶蚀为主类型、溶蚀侵蚀类型和溶蚀构造类型
复合岩溶景观	开阔性溶蚀岩溶、限制性溶蚀岩溶、溶蚀—侵蚀岩溶类型

点及发育规律进行分类。

在我国西南、华中地区，裸露、半裸露碳酸盐岩岩溶主要有开阔性溶蚀岩溶、限制性溶蚀岩溶、溶蚀—侵蚀岩溶类型。

一、开阔性溶蚀岩溶类型（溶蚀为主岩溶类型）

开阔性溶蚀岩溶是厚层碳酸盐岩呈大片裸露分布，没有强烈构造褶皱，在湿热条件下发育了多种岩溶类型，包括以下八种形态（图1-4）。

1.石林溶洼型

在石林溶洼分布区，溶蚀的柱石林立，柱石间有大小不一的纵横溶沟溶槽群，石林间有漏斗、洼地，低洼地带聚集水流而成湖。石林溶洼型中，以云南石林

石林洼地型（K_I）

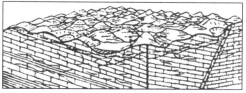

溶丘洼地型（K_{II}）

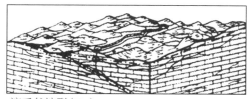

溶丘谷地型（K_{III}）

峰丛洼地型（K_{IV}）

峰丛谷地型（K_V）

峰林谷地型（K_{VI}）

峰林平原型（K_{VII}）

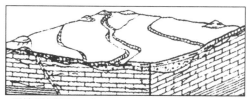

孤峰平原型（K_{VIII}）

▲ 图1-4 溶蚀为主岩溶类型的主要亚型示意图

最为典型。

2.溶丘洼地型

溶丘洼地蜿蜒伸展，在起伏不大的溶蚀岗丘之间，散布着封闭凹洼的漏斗和洼地，构成溶丘洼地型。溶丘高几十米至几百米。洼地中有落水洞相连，地下发育岩溶通道系统。在溶丘洼地型中，以鄂西、贵州一带最为典型。

3.溶丘谷地型

在岩溶作用过程中，伴随着水流侵蚀作用，溶丘间发育了较宽阔的谷地，有的谷地一端为出水洞，另一端为消水洞。这一类型岩溶多发育于湘、鄂西及贵州等地。

4.峰丛洼地型

碳酸盐岩经溶蚀后，形成基座高低不一的溶蚀山峰，汇聚成峰丛；峰丛间有落水洞和洼地。这一类型的岩溶在广西、贵州等地有较多分布。

5.峰丛谷地型

正态峰丛间发育有全封闭或半封闭的谷地，谷地中覆盖土层一般不厚，有的谷地为地表河穿越。这种峰丛谷地多见于云南、广西及贵州等地。

6.峰林谷地型

许多锥状、塔状的溶峰，在起伏不大的地面上，相隔挺立，形成峰林。溶峰高度一般为几十米至一百多米，峰林基底与较平坦的谷地相连，成为峰林谷地。这类峰林谷地以广西、黔南及滇东南较典型。

7.峰林平原型

峰林挺立于由厚度不大的第四纪松散层所覆盖的平坦的平原上。这类平原是在溶蚀作用基础上，又受后期河流的切割与侵蚀，使许多谷地相连，呈现准平原景观。平原上有较大的地表河发育。此类型以广西最为典型。

8.孤峰平原型

峰林不断遭受溶蚀和崩塌，使林立的溶峰在峰林平原或准平原上只有少数孤峰残留，从而形成孤峰平原型。此型以广西最为多见。

在地壳没有强烈升降变化的情况下，随着岩溶作用的强烈进行，岩溶的发育就由石林洼地型逐渐发育演变为孤峰平原型。但在受到多种构造与气候条件剧烈变动时，上述岩溶发育的演化过程就会发生变化。

二、限制性溶蚀岩溶类型（溶蚀——构造岩溶类型）

在厚层碳酸盐岩岩层中夹有较厚的非碳酸盐岩岩层（如砂岩、页岩等），岩

溶脊槽谷型（KS$_I$）

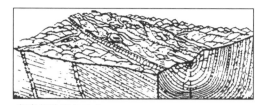
垄岗谷地型（KS$_{II}$）

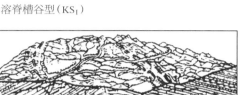
溶脊坡地型（KS$_{III}$）

溶蚀盆地型（KS$_{IV}$）

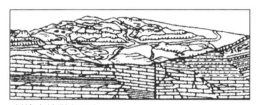
断块山地型（KS$_V$）

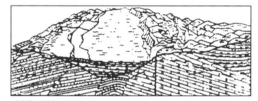
断陷盆地型（KS$_{VI}$）

🔺 图1-5　溶蚀—构造岩溶类型的主要亚型示意图

层若经强烈褶皱或断裂，碳酸盐岩的展布性就受到破坏，非碳酸盐岩或大断裂带等对水的活动起到限制作用，从而也限制了岩溶的发育，由此形成的岩溶，称为限制性溶蚀岩溶类型，或称溶蚀—构造岩溶类型（图1-5），包括以下六种形态。

1.溶脊槽谷型

在紧密狭长褶皱的条形背斜地区，岩溶水明显地受两翼非碳酸盐岩岩层的限制，因而在轴部发育了槽谷，地下发育有纵向暗河，形成了溶脊槽谷型。当轴部出现非碳酸盐岩时，则在轴部两侧碳酸盐岩中可发育两条槽谷。这种类型的岩溶在川东地区较典型。

2.垄岗谷地型

在紧密狭长向斜地区，岩溶发育成垄岗谷地型。由于所夹非碳酸盐岩岩层出露的情况不同，岩溶可发育一条至多条纵向长谷地。谷地中有地表径流，地下暗河也是纵向为主。这种类型的岩溶在川东南、湘鄂及黔北较典型。

3.溶脊坡地型

在宽广短轴背斜或穹窿核部地带，通常有碳酸盐岩岩层出露，发育了正态的溶蚀峰丘和负态的洼地、谷地，以及落水洞、竖井等。外围的非碳酸盐岩岩层易遭受风化侵蚀，造成较低的地势。碳酸盐岩岩层自穹窿背斜的核部向四周降低，形成坡地；地表径流及暗河也呈放射状向四周伸展发育。这种类型的岩溶在鄂西、滇东都有发育。

4.溶蚀盆地型

受外围非碳酸盐岩的限制，裸露于短轴向斜核部的碳酸盐岩经岩溶作用后，形成大的溶蚀盆地。溶蚀盆地多数有地表径流通过，并且汇聚了盆地四周的岩溶水。这种类型的岩溶以黔中地区为典型。

5.断块山地型

受大断裂控制的隆起岩层块体，遭受两组以上断裂的切割，致使碳酸盐岩展布的连续性受到破坏，使其汇水面积被切割成几个单元。岩溶发育因受到各断块的限制而形成岩溶断块型。这种类型的岩溶若邻近山前平原，常有较大流量泉水出现，如济南的趵突泉。这种类型的岩溶以滇东以及华北地区的太行山、吕梁山、山西高原较为典型。

6.断陷盆地型

受构造影响，碳酸盐岩岩层分布地带产生的断陷或生成的大地堑不断沉降而又不断伴随有沉积，发育成具有较厚非碳酸盐岩地层覆盖的盆地，便成为断陷盆地。盆地边侧多有暗河及岩溶泉出露。这一类型的岩溶以昆明盆地等滇东地区的断陷盆地为典型。

以上两大类为最重要的岩溶类型，所呈现的岩溶景观也最典型。

三、溶蚀——侵蚀岩溶类型（或溶蚀——水蚀岩溶类型）

有较多的碳酸盐岩岩层分布的地区，除了经受较强烈的溶蚀作用之外，还明显地受到河流的侵蚀作用，使地表形成与非碳酸盐岩地区相似的各种流水的侵蚀景观和地形，但两者的不同之处是碳酸盐岩分布地区地下有较大的洞穴发育，有暗河与大泉向河谷排泄。此类地区由于溶蚀作用与侵蚀作用重叠，故称为溶蚀—水蚀岩溶类型，其发育也受河、湖变迁密切控制（图1-6）。

1.高山深谷型岩溶

高山深谷型岩溶形成于高程大于3 000 m，冰雪覆盖面积不大，或者河谷相对深切千米以上，有较厚碳酸盐岩

高山深谷型岩溶（KE₁）

中山峡谷型岩溶（KE₁₁）

低山河谷型岩溶（KE₁₁₁）

▲ 图1-6 溶蚀—侵蚀岩溶类型的主要亚型示意图

分布的高山深谷地区。这类岩溶发育特征不一。一种是少数山峰有冰雪覆盖，来自冰雪融化的低温地表水与地下排出的岩溶泉水汇合，流至高程稍低的深切河谷地带后，由于水温升高或崩塌物阻塞河道，造成急流状态而产生钙华坝沉积，并使深谷壅水成湖。这一类型岩溶以川西北岷山中的黄龙、九寨沟为典型。在川西、滇西还有另一种高山深谷型，主要为大江所切穿，河道径流量大，没有横切河道的钙华坝的沉积，但在两岸暗河和泉水出口处，仍有许多钙华的沉积，有的在山坡形成钙华坝和钙华梯田。

2.中山峡谷型岩溶

长江、黄河和珠江水系的干流和一级支流，有不少地段穿越碳酸盐岩岩层大片分布、岩溶较强烈发育的山区。一般山顶高程为1 000～3 000 m，或者相对高差为500～1 000 m，构成中山峡谷型岩溶。在近代河谷间的分水岭地段，有洼地、谷地、落水洞等分布，有的仍有早期暗河、伏流继承性发育；峡谷两侧谷坡有多层大规模的溶洞和暗河发育。这一类型地带的河流一般流量大、落差大，如长江三峡、清江、乌江，以及红水河和南盘江、北盘江等，都是属于这一类型的亚型。这一类岩溶地区一般都具有丰富的水力资源，且易于开发。

3.低山河谷型岩溶

这一类型地区有碳酸盐岩岩层大片分布，山峰高程在1 000 m以下，河流切割的相对深度小于500 m，两岸及河床岩溶均有较强烈的发育，构成低山河谷型岩溶。河谷两岸有暗河发育，分水岭地带有较多洼地、落水洞。云贵高原面上的长江、珠江水系的第二级或第三级支流通过的碳酸盐岩分布地带，多属于这种类型。

Part 2 岩溶成因探寻

岩溶现象和岩溶景观如此奇特，它们是怎样形成的？岩溶的发育经历了怎样的过程？岩溶形态多姿多彩，千差万别，有哪些必要条件及影响因素？带着这些疑问，我们从地质学、化学和流体力学等角度来探寻岩溶的发育机理。

岩溶的发育机理

岩溶的发育，要以可溶的物质——可溶岩，以及可以溶解可溶岩的水的存在作为基本条件。同时受制于其他诸多因素，其中最主要的因素包括地质构造和气候。

一、物质基础——可溶岩

常见的可溶岩是碳酸盐岩、硫酸盐岩和卤化物盐岩。

碳酸盐岩主要是以碳酸钙（$CaCO_3$）为主的石灰岩，以及主要成分为碳酸钙和碳酸钙镁的白云岩[$CaMg（CO_3）_2$]。此外，根据泥质、硅质含量的不同，碳酸盐岩又可分为泥灰岩、硅质灰岩等类型。

硫酸盐岩主要有以含硫酸钙（$CaSO_4$）为主的硬石膏、石膏（$CaSO_4 \cdot 2H_2O$）、芒硝（硫酸钠$Na_2SO_4 \cdot 10H_2O$）、钙芒硝（$CaSO_4 \cdot Na_2SO_4$）等。

卤化物盐岩主要是食盐（NaCl，又称钠盐）和钾盐（KCl）；广义的钾盐又包括钾盐镁矾（$KCl \cdot MgCl_2 \cdot 6H_2O$）、杂卤石（$K_2SO_4 \cdot MgSO_4 \cdot 2CaSO_4 \cdot 2H_2O$）等。

碳酸盐岩、硫酸盐岩和卤化物盐岩这三类可溶岩中，水对其的溶解能力是卤化物盐岩 > 硫酸盐岩 > 碳酸盐岩，而碳酸钙在纯水中几乎是不可溶的。被水溶解能力的不同，使得硫酸盐岩和卤化物盐岩产生的岩溶景观存在的时间短，这就是我们今天看到的岩溶地貌基本上是碳酸盐岩形成的原因。

在碳酸盐岩中，纯水对其的溶解能力为碳酸镁 > 碳酸钙镁 > 碳酸钙，含杂质的碳酸盐岩要大于纯净碳酸盐岩，其耐酸性方面，碳酸钙镁 > 碳酸钙。

二、动力条件——水

可溶岩被溶解，是由于溶液——水

对它有溶蚀能力。硫酸盐岩类和卤化物盐岩类可以被水直接溶解；而碳酸盐岩被水溶解或溶蚀，就要借助于二氧化碳及其他酸类起溶剂作用。

大气降水、地表水及地下水，只要对某种可溶岩没有呈过饱和的溶解状态，都可继续对该可溶岩产生溶解或溶蚀作用。

通常，水的矿化度（即水中矿物含量）小于1 g/L，对易溶性的卤化物盐岩

——地学知识窗——

水 循 环

自然界水循环：由地球浅层至大气对流层低空，构成狭义的水圈。其中的水循环表现为：海水、湖水及河水的蒸发成为水蒸气而散入大气中，遇冷再出现降水。大气降水汇聚为地表径流，大气降水和地表水向地下渗透成为地下径流，地下水又排到地表转为地表径流，地表径流汇集注入海洋、湖泊。这是浅层的水循环，其中还包括水的冻融及冷凝等作用过程（图2-1）。

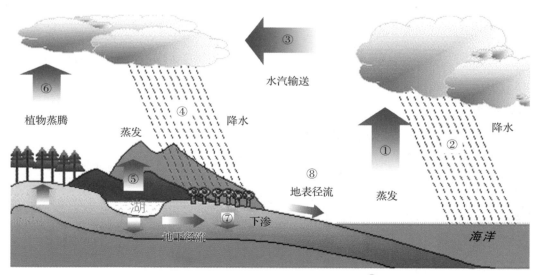

▲ 图2-1　自然界的水循环示意图

和硫酸盐岩都具有较大的溶解和溶蚀能力。至于咸水湖和盐湖，在混入淡水、雨水或在水动态变化的状态下，仍可对卤化物盐岩产生溶蚀作用；但在溶蚀的过程中，又伴有快速的沉积作用，即一方面对卤化物盐岩产生溶蚀，另一方面在附近又立即产生沉淀、沉积作用，这也是为什么硫酸盐岩、卤化物盐岩产生的岩溶现象不易保存的原因。

三、二氧化碳的作用

二氧化碳（CO_2）是水对碳酸盐岩产生溶蚀作用的主要溶剂，有了二氧化碳，水才能对碳酸盐岩产生溶蚀作用，这里存在以下反应：

$$CaCO_3 \xrightarrow{自身离解} Ca^{2+}+CO_3^{2-}$$

二氧化碳的作用，在于由气态变为液态，形成碳酸：

$$CO_2（气态）+H_2O \longrightarrow H_2CO_3$$

碳酸在水中离解为：

$$H_2CO_3 \longrightarrow H^++HCO_3^-$$

$$CO_3^{2-}+H^+ \longrightarrow HCO_3^-$$

这一系列化学反应，表示石灰岩（碳酸钙）被含有二氧化碳的水所溶解，总化学反应式表示为：

$$CaCO_3+CO_2+H_2O \longrightarrow CaCO_3+H_2CO_3$$
$$\longrightarrow Ca^{2+}+2HCO_3^-$$

同理，白云岩（碳酸钙镁）被含有二氧化碳的水所溶解，总化学反应式为：

$$CaMg（CO_3）_2 \longrightarrow Ca^{2+}+Mg^{2+}+2CO_3^{2-}$$

$$CaMg（CO_3）_2+2CO_2+2H_2O \longrightarrow$$
$$Ca^{2+}+Mg^{2+}+4HCO_3^-$$

学过化学的人都知道一个基本原理，任何化学反应式都是可逆的，我们知道了溶蚀的化学反应，则其逆反应式如下：

$$Ca（HCO_3）_2 \longrightarrow CaCO_3\downarrow + CO_2\uparrow +H_2O$$

从反应式中，我们知道该反应持续进行的关键条件是CO_2的释放。

下面让我们回顾一下生活常识：喝过汽水或啤酒的人们一般都有这样的经历，打开一瓶啤酒会有气泡慢慢冒出，夏天要比冬天快；如果开瓶时不小心撞倒，则气泡剧烈冒出而沿瓶壁流下；倒啤酒时，过快时气泡剧烈冒出。

这说明了CO_2的释放条件：水中的CO_2在压力突然变小时会释放；温度升高会加速CO_2的释放；碰撞、振荡会加速CO_2的释放。

在自然界中，植物的光合作用会吸收CO_2，也会促进$CaCO_3$沉淀。细菌也可以消耗二氧化碳。

地下水中溶解了大量的碳酸钙和碳酸镁，流出地表或进入溶洞后，地下水自承压状态进入自由状态，承受的压力降低、水流状态也发生变化，这些都促进了

CO_2的释放，从而产生了$CaCO_3$沉淀，形成了钙华、钟乳石等。

四、地质构造及其对岩溶发育的控制

可溶岩沉积时多呈水平层状，当地质构造作用使之从海底、湖底升出陆面后，就会在成岩过程中产生干缩、压实作用，从而生成成岩裂隙。可溶岩受地质构造应力作用的结果，也可使水平的可溶岩受挤压而产生构造裂隙、断裂和褶皱。总之，地壳构造作用和成岩作用可使完整的岩体出现裂隙。

地质构造运动还可使大片地区隆起，也可使大片地区沉降。发生于我国的

——地学知识窗——

二氧化碳的来源

自然界中二氧化碳的来源广泛，主要来源包括大气、土壤、地球深部及其他酸性溶剂对碳酸钙的溶解。

大气圈包围着地球，其质量的70%～75%聚集于对流层中，主要成分为氮（N_2）占78%，氧（O_2）占21%，氩（Ar）占0.93%，二氧化碳（CO_2）占0.03%。目前，大气圈中除了地球自然演化而产生的二氧化碳成分之外，尚有人类活动，如工业、交通及日常生活有关燃料的燃烧而生成的二氧化碳（温室效应）。

土壤中本身含有一定量的二氧化碳，同时，土壤中各种细菌、微生物的作用，如丁酸细菌可分解碳化物，纤维细菌可分解碳水化合物等，也产生大量的二氧化碳及其他侵蚀性酸类。如我国南方土壤中所含的二氧化碳，一般在500～5 000 mg/L，相当于二氧化碳分压P_{CO_2}=0.05%～5%。

地球深部存在的二氧化碳是地球演化过程中的自然现象。可以说，所有地球圈层中的气体，都是来自地球自身，特别是来自地核、地幔、深部地壳，以及上下地幔间的软流圈。地球深部的二氧化碳通过火山喷发、地震等方式进入大气或地壳浅部。

多次大面积构造升降运动，不仅形成我国三个阶梯状的地形地貌结构，还对我国气候产生较大影响。例如，喜马拉雅山的强烈上升和青藏高原的隆起，就阻挡了来自印度洋的潮湿气流，还使得来自我国南面、北面及东面的水汽又大部分向东排出，致使我国西北地区变得干旱。

地质构造使可溶岩岩体产生破裂、形变，影响其自身的结构和可溶性，也影响水流的渗透能力与水动力条件。也就是说，可溶岩越破碎，越容易被溶蚀。

五、气候对岩溶发育的控制

气候不仅影响可溶岩的风化速度及其岩性结构，更主要的是影响水的动力条件（水量、流速及其变化），以及二氧化碳等溶剂的生成条件，因而影响了水对可溶岩的溶蚀能力。影响岩溶发育的气候因素主要包括降水量和温度。

1.降水量的影响

由于可溶岩是被水所溶蚀的，所以，降水量的大小相应引起的溶蚀量也有大有小。在地下，除了溶蚀之外，地下渗流的水量越大，相应产生的机械潜蚀作用也越明显，所以更有利于发育大的洞穴系统。根据我国不同气候带计算的碳酸盐岩溶蚀速率，也清楚地表明年降水量越大，溶蚀速率也越大。如河北怀来县官厅一带为半干旱气候，年降水量只有 $400 \sim 600$ mm，年溶蚀速率只有 $0.02 \sim 0.03$ mm；而广西中部年降水量达 $1\,500 \sim 2\,000$ mm，年溶蚀速率达 $0.12 \sim 0.3$ mm。

2.温度的影响

虽然温度的升高不利于二氧化碳在水中的溶解，但高温条件使水更易于得到二氧化碳的不断补充，也更利于水在可溶岩层中的扩散和流动，从而增强水的溶蚀能力。温度升高不仅增加了可溶岩的风化速度，使其结构遭受破坏，裂隙和孔隙扩大，水的渗透能力增强，还有利于生物分解碳水化合物等有机质，使水得到更多的二氧化碳及其他酸类补充。生物作用可使土壤中二氧化碳含量比大气中要大几十倍乃至千倍，极大地提高了水的溶蚀能力。

岩溶的发育过程

为了清楚地说明岩溶作用的过程，地质学家提出了岩溶旋回（cycle of karst development）的概念。岩溶地貌由上升的岩溶高地开始发育，经幼年期、壮年期、壮年后期和老年期，完成一个发展序列，称为岩溶旋回。

假定在上升的厚层石灰岩地区，地面微有起伏，岩溶旋回过程如下（图2-2）：

（1）幼年期：降水形成地表水系，地面上石芽、溶沟、落水洞逐渐发育，漏斗开始出现，地下水流处于孤立状态；

（2）壮年期：地面落水洞、漏斗和溶蚀洼地满布，地下洞穴相互连接，成为

△ 图2-2 岩溶旋回过程示意图

完整的系统，地表水几乎全部被它们吸收转为地下水，地表河逐渐消失，地下则形成一个统一的地下水面；

（3）壮年后期：即盲谷期，洞顶不断地塌陷，地面上溶蚀洼地不断合并成盲谷，许多地下河又转为地表河，四周山岭被蚀低，盲谷底平坦，渐渐扩大成岩溶平原；

（4）老年期：即准平原期，地面起伏渐小，残留着一些孤峰残丘，形成准平原，洞穴顶部已坍塌，地下河多成为地表河，但准平原之下岩溶作用仍在继续进行。

岩溶作用向地下深处发展所能达到的下限称为岩溶基准面（karst base level）。

岩溶基准面分为两种，一种是指排水基准面，一种是指可溶岩的底板。随着岩溶作用的发展，岩溶水逐渐形成相对稳定的统一地下水面，在其附近一般有一个强岩溶发育带。有的学者把这个地下水面作为岩溶基准面。但是在该水面以下的深饱水带，地下水流动尽管很缓慢，但仍有岩溶作用。如近年来在河底、海面以下很深的地方发现了大的溶洞。所以有的学者认为，岩溶基准面就是巨厚的非可溶岩层的顶板。局部非可溶岩作为基准面只是暂时的现象，称为暂时岩溶基准面。

典型岩溶现象的成因

单个岩溶类型千姿百态，其形成不仅与可溶岩的厚度、地质结构、大地构造运动、流水的溶蚀能力及流水方式有关，还各有其特定的发育环境，比如温度、空气潮湿程度、风速等。

一、石林、峰丛、峰林

在前文提到的岩溶类型中，开阔性溶蚀岩溶类型（溶蚀主要是岩溶类型）有五种正地形类型：石林、溶丘、峰丛、峰林和孤峰。石林即石柱的集合体；溶丘即岩溶岗丘；峰丛是基座相连的岩溶山峰的集合体；峰林是基座不相连的岩溶山峰的集合体；孤峰是远离其他山峰的孤立岩溶山峰。这五种岩溶类型是按以下顺序演化的：

可溶岩 → 峰丛 → 峰林 → 孤峰 → 溶丘
　　　　　　└──→ 石林、石牙

　　峰林、峰丛形成的物质基础是巨厚的碳酸盐岩，厚度达数百米，分布面积大且连续分布，一般达数百平方千米。巨厚的碳酸盐岩随地壳上升成为高原，岩层受到挤压、拉伸等力的影响，断裂、裂隙发育。大气降水形成地表面流，冲刷溶蚀，沿断裂和裂缝形成溶槽、溶沟，切割碳酸盐岩形成岩溶山峰，这是峰林、峰丛的雏

形。经年累月，溶沟进一步下切，地表水流的径流坡度下降，流速变缓，冲刷侵蚀力下降，大型沟谷两岸接受松散层的堆积，转入溶蚀为主。

　　溶沟扩大成溶谷，溶谷间的山峰基座相连就形成了峰丛。经进一步溶蚀，纵横的溶谷连接起来就形成了溶蚀平原，凸出的各个山峰组成了峰林。再进一步溶蚀，山峰高度降低，形成溶丘。在地势稍高的地方，峰林、峰丛被溶蚀切割成一个个石柱，形成石林（图2-3）。

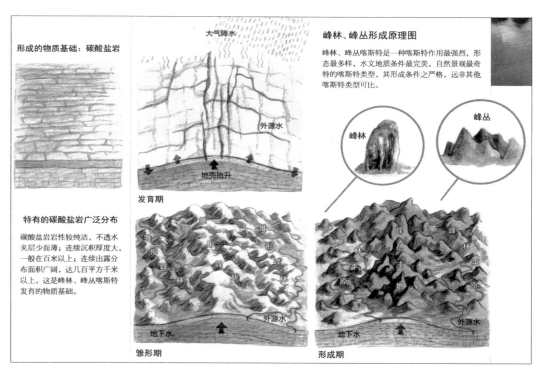

▲ 图2-3　石林、峰丛、峰林的发育过程示意图
引自《中国国家地理》（喀斯特专辑）

二、溶洞

岩溶作用所形成的空洞称为溶洞，国外洞穴工作者则专指人可进入者。洞穴中近于水平的窄长的地下通道，称为地下廊道；宽敞高广的部分称为洞室，再大者称之为洞厅。

自然界中的可溶岩石受到构造活动的影响，形成若干裂隙，雨水落到地表后，受重力的影响，大部分雨水沿地表流淌，少量进入这些裂隙向下渗透。地表水溶解地表岩石形成溶沟、溶槽，进而切割地表岩石形成峰林、石林；转入地下水流，溶解裂隙间的岩石，裂隙不断扩展，长年累月，形成了人可进入的溶洞。

在溶洞形成初期，岩溶作用以溶蚀为主，石灰岩中的碳酸钙，在水和二氧化碳的作用下，发生化学反应生成碳酸氢钙，溶于水，碳酸钙被水溶解带走。经过数十万年至数百万年的溶蚀，石灰岩地下就会形成空洞。随着空洞的扩大，水流更加畅通，水的冲蚀能力加强。沿溶洞壁时常可见石窝、水痕等水的冲蚀痕迹。在构造裂隙交叉点，溶蚀及冲蚀作用双管齐下，掏空和崩塌同时发生，溶洞进一步加大。

如果地壳进一步抬升或河流进一步下切，这些洞穴也就跟着一起脱离地下水面。石灰岩中的地下水，一部分以泉的形式流出外排，一部分渗透到更深的石灰岩中。地下水在下渗过程中边渗透流动，边溶蚀掏空，在下一个溶蚀基准面再形成一个溶洞。如果一个地区地壳间歇性上升，溶蚀基准面将随之间歇性下降，形成多层溶洞，且每一层溶洞都有通道相连。

地表水沿石灰岩裂缝垂直向下渗流，经溶蚀形成落水洞，从落水洞下落的地下水横向流动形成水平的溶洞（图2-4）。落水洞形成的基础是具备较高的地势，原岩中分布有垂直的裂隙。

溶洞在不同的发育阶段表现出不同的形态，出现在山体的不同的位置，其称谓也不相同。

汇集地表水的近于垂直的或倾斜的洞穴称为落水洞，主要分布于溶蚀洼地、岩溶沟谷和坡立谷底部，也有分布在斜坡上的。落水洞形态各异，深度可达100 m以上，在我国还有消水洞、消洞等地方性名称。

竖井是一种垂向深井状的通道，深度由数十米至数百米，因地下水位下降，渗流带增厚，由落水洞进一步向下发育

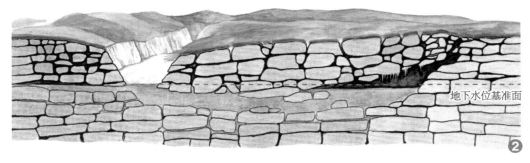

地表河

地下水位基准面

地下水位基准面

溶岩峡谷　包气带　落水洞　竖井　洼地

季节变动带

饱水带　地下水位基准面

▲ 图2-4　落水洞和溶洞形成过程示意图

或洞穴顶板塌陷而成。底部有水的，叫天然井（natural well）、岩溶井（karst well）、溶井等。

可溶性岩中地下河出露地表的出口，或岩溶区地下水的出口称为出水洞。

当地下河的主要水源为雨水直接补给时，出水量随季节变化，干旱季流量减少或停止出水，成间歇性出水洞；主要水源为地下水时，常成为具有一定压力的管道水流，常年流水。

具有河流主要特性的岩溶地下通道称为地下河，又称暗河，它是地下径流集中的通道，有自己的汇水范围，即流域。由地下河的干流及其支流组成的地下通道系统称为地下河系。

地表河流经过地下的潜伏段称为伏流，伏流有明确的进、出水口，且进口水量和出口水量大致相当。其与地下河的主要区别是地下河没有明显的进水口。

在岩溶地区，由于地下河或大型水平溶洞顶板崩塌，或由断头河溯源侵蚀，形成两壁直立的长条状深峡谷，称为岩溶嶂谷，有时称为岩溶箱状谷。这类河谷上有不少天生桥和穿洞保留，有常年或间歇性水流。

地下河与溶洞的顶板崩塌后，横跨河谷的残留顶岩，其两端与地面连接，中间悬空而呈桥状，故称为天生桥。抬升脱离地下水位的或大部分已脱离地下水位的地下河、地下廊道、伏流或洞穴，其两端呈开口状并透光者，称为穿洞。天生桥出露在山的上部，则称之为月洞。

三、化学沉积物

饱含溶解碳酸钙的岩溶水，从岩层中析出，承受的压力释放，碳酸钙的溶解度减小，多余的碳酸钙便在水流出口处沉积，这就是化学沉积。洞穴中有多种多样的沉积物，如化学沉积、碎屑沉积及生物作用沉积等，其中以化学沉积物最具特色。洞穴中化学沉积物与洞穴中水流特性及环境特性具有密切的关系。洞穴化学沉积物类型多样（表2-1），其特征也各不相同。

洞穴中的碳酸盐岩微细裂隙、孔隙中的薄膜水和毛细水（非重力水）析出时产生碳酸钙沉积。洞穴中空气的湿度和运动强度对碳酸钙沉积物结晶的完美程度及形态有重大影响。主要的沉积物有

表2-1　　　　　　　　　　　化学沉积物常用分类一览表

分类依据	类　型
沉积物结晶程度	石灰华、洞穴碳酸钙和月奶石
	钙华型、胶状型和结晶型
洞穴沉积环境	空气中的沉积、水下沉积、气水界面沉积
水流的运动形式	渗水类、滴水类、流水类等
沉积物所在洞穴部位	洞顶悬挂型、洞壁型、洞底型和水洼型

图2-5　洞穴沉积物——石花（沂源九天洞）

洞穴毛发、石枝（或卷曲石）、珊瑚状物、根须石枝、石花（图2-5）、晶针（图2-6）、花斑、穴疱等。

洞穴中最常见和数量众多的化学沉积物是自由水（重力水）沉积。滴水、流水、飞溅水等，都是重力水的主要运动和转换形式，其沉积物的主要类型有：

（1）滴石类：由不连续水

图2-6　洞穴沉积物——晶针（沂源九天洞）

△ 图2-7 洞穴沉积物——石钟乳（沂源九天洞）

流——滴水形成。

　　从滴点到落点，多形成对应沉积。前者为悬挂滴石，如鹅管、石钟乳（图2-7），其横断面呈同心圆状。后者为站立滴石，如石笋（图2-8）、石柱、滴杯，其横断面呈叠层状。

　　（2）流水石类：由连续运动的水流形成的洞穴碳酸钙沉积。

△ 图2-8 洞穴沉积物——石笋（波斯托伊那洞）

流水石类沉积物具有条带状、流层状、环纹状结构，沉积形态多样：主要有天流石，如肉条石、水母石、石带、石旗；壁流石，如石幔、石幕、石瀑、穴盾、盾帐（图2-9）、穴板、石柱盘等；底流石，如流石坝、石梯田（图2-10）、流石板、穴饼、穴珠、穴球等。

（3）飞溅水沉积：洞穴滴水和悬挂式流水常溅出水滴和

△ 图2-9 洞穴沉积物——盾帐（卢笛岩）

△ 图2-10 洞穴沉积物——石梯田（卢笛岩）

🔺 图2-11 洞穴沉积物——石葡萄（沂源九天洞）

水雾携带的碳酸钙，附着到前期沉积物上。按其形态称为棕榈片、石葡萄（图2-11）、石蘑菇、石花瓣、石珊瑚（图2-12）等。

（4）池水沉积：在溶洞底部池水不溢又不干涸的情况下，有形形色色的池水沉积物形成，其沉积物形态有水面形态，如水钙膜或穴筏、浮冰、穴泡、边石、石花；水下形态，如晶花、晶刷、石葡萄、石珊瑚、穴珠等。

🔺 图2-12 洞穴沉积物——石珊瑚（沂源九天洞）

由两种或两种以上水流方式的水流协同作用形成的次生碳酸钙沉积物称为协同沉积。常见的协同方式及典型沉积物有：①滴水-流水沉积，如堆状石笋、片状石钟乳、外层被流石覆盖的大型石笋和石柱等（图2-13）；②滴水-飞溅水沉积，如棕榈石笋（图2-14）；③滴水-池水沉积，如蚀膜晶锥、滴坑穴珠；④滴水-池水-流水沉积，如云盆；⑤滴水-非重力水沉积，如乳房状石钟乳、石瘤、珠状石钟乳等。其多在非重力水向重力水过渡的临界状态下形成，所以常与鹅管共生。

前后不同的沉积阶段，在同一地点洞穴水动态和运动形式发生重大变化，后期沉积物叠置于先期沉积物之上的叠合形态沉积称为叠置沉积。其间不存在直接的沉积协同关系和成因联系，在沉积阶段上具有代表性。如灯盏石、吊脚石、晶穗、纺锤状钟乳石等。

四、石钟乳、石笋、石柱

钟乳石，又称石钟乳，自溶洞顶部向下生长的一种以碳酸钙为主的沉积。开始只成为一小突起附在洞顶，以后逐渐增长，具有同心圆状结构，中心部分有一空管，形状如钟乳，故名。洞顶的水滴落到底板后，形成由下而上增长的碳酸钙沉积，形如笋状，故名石笋。钟乳石往下长，与对应的向上长

△ 图2-13 滴水-流水沉积（沂源九天洞）

△ 图2-14 棕榈石笋（织金洞）

图2-15　石笋、钟乳石、石柱（九天洞）

的石笋相连接后所形成的柱体称为石柱（图2-15）。

钟乳石和石笋是溶洞中最常见的化学沉积物，这主要是因为洞顶上有很多裂隙，每一处裂隙里都可能有水滴不断渗出来，水滴渗出后，压力下降，释放CO_2，产生石灰质沉淀。一滴、两滴、三滴……水不断出现，石灰质不断地沉淀，洞顶上的石灰质越积越多，终于生成一个"乳头"——这就是钟乳石的"童年"时代。以后，"乳头"外面又包上一层层石灰质，以至于越垂越长。有的钟乳石的长度能达到好几米。

石笋是钟乳石的亲密伙伴，当洞顶上的水滴落下来时，石灰质也在地面上沉积起来。条件好的洞穴，石笋可以长得很长，如黄龙洞的定海神针（图2-16）。如果石笋对着钟乳石生长，往下长的钟

图2-16　石笋——定海神针（黄龙洞）

31

乳石和往上长的石笋接在一起，连接成一个柱子，就形成了石柱。石柱往往两头粗，中间细。

钟乳石和石笋多数不是连在一起的，主要有三个方面的原因：一是钟乳石折断了；二是过多的石灰质堵塞了水滴的通路，水滴被迫改变路径转移到另一处，又长出一根新的钟乳石；三是时间不够，钟乳石和石笋还未碰头。

另外，还有一些特殊的钟乳石和石

——地学知识窗——

鹅　管

鹅管是细长条状钟乳石，上下直径变化不大，像鹅毛的管，故名，在国外也称为通心粉状钟乳石。鹅管是钟乳石特殊的造型，类似钟乳石"宝宝"。鹅管细长、色如白玉、质似凝脂，它需要特殊的沉积环境，要求洞内环境洁净无污染，同时洞顶渗出水量要少，有足够长的时间挂在洞顶进行沉淀结晶（图2-17）。自洞顶向下生长，上下大小基本一致，呈空心细玻璃管状。一般情况下，鹅管100年只

图2-17　鹅管的生长

能增长1 cm。如洞内环境洁净无污染，便常能造就出色如白玉、质似凝脂的鹅管。湖北竹山县柳林乡天台村天台洞发现的迄今为止世界上最长的鹅管，竟达12.616 m，比国际上记载的墨西哥发现的世界最长鹅管9.03 m还长，堪称世界之最。

笋，它们的形成同样需要一些特殊的条件。如向光钟乳石（图2-18），由植物光合作用吸取洞顶滴水中的二氧化碳，引起滴水中碳酸钙过饱和而沉积的钟乳石。植物的向光性也引起此种钟乳石只在向光一侧沉积速率快，导致其向有光一侧倾斜，因此只见于洞口有光部位。

五、卷曲石

卷曲石是一种白玉棒状、卷曲状或豆芽状的方解石结晶体，色泽柔和，单体长度可达44 cm到66 cm，如图2-19所示。由于水表面张力大于重力，卷曲石可以向任意方向弯曲生长，可以呈螺旋状或扭曲向上生长，常侧向自由生长，有的呈发簪状，显示出不单纯受重力影响的特点。其具体成因尚未有一致看法，有毛细作用、气溶胶作用、蒸发作用等成因说。从中国的情况看，它生长在非常潮湿的封闭环境中，这种条件一旦被破坏，卷曲石就会停止生长。卷曲石目前只在美国、罗马尼亚、中国等少数几个国家有过发现。

▲ 图2-18 向光钟乳石

▲ 图2-19 卷曲石

六、天坑

天坑（tiankeng）是指具有巨大的容积，陡峭而圈闭的岩壁，深陷的井状或者桶状轮廓等非凡的空间与形态特质，发育在厚度特别巨大、地下水位特别深的可溶性岩层中，从地下通往地面，平均宽度与深度均大于100 m，底部与地下河相连接（或者有证据证明地下河道已迁移）的一种特大型喀斯特负地形。

天坑的形成至少要同时具备六个条件：

一是石灰岩层要厚。只有足够厚的岩层才能给天坑的形成提供足够的空间。

二是地下河的水位要很深。

三是包气带（含气体的岩层）的厚度要大。

四是降雨量要大。地下河的流量和动力足够大，才能将塌落的石头冲走。

五是岩层要平。从天坑四周的绝壁看就会发现，岩层与地面是平行的，就像一层层的石板堆在四周一样，只有这样的岩层才能垮塌。

六是地壳要突起。这样地壳的运动才会给岩层的垮塌提供动力。

目前，天坑共有两种成因类型，一种是塌陷型，一种是冲蚀型。

塌陷型一般经过地下暗河、塌陷大厅、天窗天坑三个阶段，详见成因示意图。由于地下水暗河水流的溶蚀和侵蚀，导致洞壁和洞顶岩层不断崩塌，水流将崩塌物溶蚀冲刷带走，使崩塌空间不断扩大，经年累月，形成穹隆状的地下大厅，

——地学知识窗——

天　坑

2001年，天坑作为一个专门的岩溶术语被专家提出。

2005年，国际喀斯特天坑考察组在重庆、广西一带大规模考察后，"天坑"这个术语在国际喀斯特学术界获得了一致的认可，并开始用汉语拼音"tiankeng"通行国际。这是继峰林（fenglin）和峰丛（fengcong）之后，第三个由中国人定义并用汉语和拼音命名的喀斯特地貌术语。

大厅顶部岩层在地表水侵蚀和重力作用下崩塌，最终形成天窗天坑（图2-20）。

　　冲蚀型天坑是由地表水流汇入落水洞，然后进入地下水平溶洞。由于巨大跌水，使落水洞不断加深，洞底洞壁溶蚀侵

蚀，从而产生崩塌，水流将崩塌物输出，使落水洞不断地向地表河溯源侵蚀，当多个地表水流同时作用时，落水洞不断地扩大，便形成天坑。

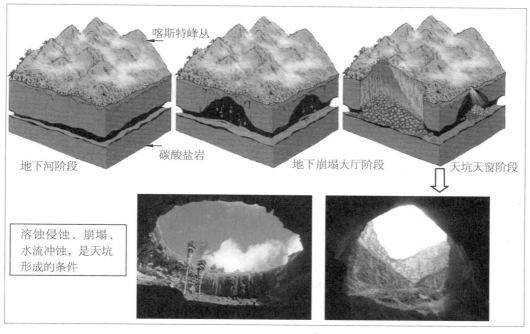

喀斯特峰丛

碳酸盐岩

地下河阶段　　　　地下崩塌大厅阶段　　　天坑天窗阶段

溶蚀侵蚀、崩塌、水流冲蚀，是天坑形成的条件

🔺 图2-20　天坑及天坑的形成过程示意图

Part 3 世界岩溶漫步

全球岩溶地区分布面积2200万平方千米，占全球陆地面积的15%，居住人口约10亿。岩溶所塑造的奇峰异洞，是大自然留给全世界人民宝贵的自然遗产。不仅如此，许多岩溶洞穴还是人类早期的栖息藏身之所。

世界岩溶分布

世界陆地主要的岩溶区分布在地中海盆地、北美、中美洲、加勒比海盆地、东南亚、中国、俄罗斯、乌克兰和大洋洲。五大洲的50多个国家都有岩溶分布，这些国家包括欧洲的法国、德国、英国、爱尔兰、意大利、奥地利、俄罗斯、立陶宛、乌克兰、挪威、西班牙、南斯拉夫、斯洛文尼亚、波斯尼亚、黑塞戈维亚、克罗地亚、阿尔巴尼亚、希腊、土耳其、瑞士、瑞典、匈牙利、捷克、波兰、罗马尼亚；美洲的美国、加拿大、巴西、古巴、墨西哥、波多黎各；亚洲的中国、日本、韩国、朝鲜、印度尼西亚、泰国、缅甸、新加坡、马来西亚、越南、老挝、柬埔寨、菲律宾、沙特阿拉伯、伊拉克、黎巴嫩；非洲的阿尔及利亚、津巴布韦、赞比亚、埃及、马达加斯加；大洋洲的巴布亚新几内亚等。从热带到寒带、由大陆到海岛都有岩溶地貌发育。

岩溶发育最为集中，以岩溶地貌著名的地区有中国的云贵高原与湘桂丘陵盆地、青藏高原、中南欧的迪纳拉山区、法国的中央高原、俄罗斯乌拉尔山，澳大利亚南部，美国中东部的肯塔基和印第安纳州、越南北部、加勒比海盆地等。不同地域，岩溶发育各具特色。

欧洲地区

地中海盆地的迪纳拉山区、法国中央高原、意大利、希腊、匈牙利、捷克以及英国的中部、俄罗斯东部都是岩溶发育区域。

欧洲的迪纳拉山区（Dinaric Mountains），包括斯洛文尼亚、克罗地亚、南斯拉夫、波斯尼亚、黑塞戈维亚等国家的碳酸盐岩地区，这里的岩溶景观在世界上是著名的（**岩溶早期的专门术语：喀斯特，即来源于该岩溶区的一个地名**）。岩溶地貌主要为岩溶岗丘及洼地、

谷地，受构造上升影响，呈现出五级阶梯状的谷、洼地，这与我国滇东地区的多级断陷盆地情况相似，但由于迪纳拉山西临亚得里亚海，后期岩溶发育还受到显著的海洋影响。在斯洛文尼亚的卢布尔雅纳发育的波斯托伊那洞穴，是一个很重要的旅游景区。波斯托伊那溶洞位于斯洛文尼亚共和国境内，距首都卢布尔雅那西南54 km的波斯托伊那市，是欧洲第二大溶洞（图3-1）。溶洞全长27 km，洞深115 m，海拔562 m。是由比弗卡河的潜流对石灰岩地层长期溶蚀而成，洞内套洞，有隧道相连，形成一条奇伟的山洞长

图3-1 斯洛文尼亚的波斯托伊那溶洞

廊。洞内有辉煌厅、帷幔厅、水晶厅、音乐厅等4处主要岩洞，其中尤以音乐厅景色为胜，面积约3 000 m²的大洞，形似一座巍峨宫殿，经常在此举行岩洞音乐会。洞内还有高悬的钟乳石和挺拔的石笋，有的像巨大的宝石花，冰清玉洁；有的似圣诞老人，笑容可掬；或似雄狮下山，或如飞鸟展翅，五光十色而又千姿百态。流经洞内的地下河忽隐忽现，时而清澈宁静，时而急流奔泻。洞中还生活着一种类似娃娃鱼的珍奇动物，体形纤巧，无鳞，有四肢，长寿百年，被斯洛文尼亚人称为"人鱼"，学名为蝾螈。

法国的岩溶很发育，中央高原的岩溶景观很有特色，洞穴多沿峡谷崖壁发育。著名的洞穴有帕蒂拉克、尼亚赫、格洛塔和伯尔舒伦等。韦泽尔河下游40 km长、30 km宽的峡谷地带的崖壁上，就分布着数百个溶洞。其中在100多个溶洞中发现了古代石器、动物化石、岩面浮雕和图画，以及大量人类生活的遗迹遗物。这些遗迹遗物的时代在距今1万~2.5万年之间，属旧石器时代最晚的马格德林文

化时期。这些洞窟里的崖壁画以其宏大的规模、雄伟的气魄，成为旧石器时代晚期最有代表性的作品。在尼亚赫洞中还发现有石器时代的文物和壁画。

拉斯科溶洞位于法国多尔多涅省韦泽尔河峡谷地带，发现于1940年，因洞中各种图像种类繁多，制作方法多样，被誉为史前的罗浮宫。重要的绘画遗迹均集中于主厅和两个主要洞道中，共有1500件雕刻和600幅壁画。主厅面积为138 m²，洞壁上许多动物形象呈水平排列状。厅中入口对面一块崩裂的壁面上，绘有长达5 m的大野牛，由黑线勾出轮廓，头、腿和腹部的下沿也涂有黑色。其他还有马、母鹿、棕熊和怪兽等。"中国马"位于右壁（图3-2），以黑色勾出轮廓，棕色和黑

▲ 图3-2　法国拉斯科溶洞及其壁画
（中国马）

色涂染。在靠近主厅的一条洞道中，动物形象多为线刻，尤以侧端井状坑壁上的"人与欧洲野牛争斗"最为突出。拉斯科洞窟壁画是研究旧石器时代艺术发展的重要例证，是联合国教科文组织指定的世界文化遗产地之一，由法国政府负责保护。但是，由于法国政府在岩洞内安装了一套空气流通系统，致使真菌两次大规模侵袭壁画，因此，拉斯科洞窟壁画被列入濒危文化遗产名单。

意大利的岩溶洞穴早期是人类直接居住的天然洞室，直到1954年，仍然有37.5万多人住在岩溶洞穴中，从另一方面也说明了意大利岩溶发育规模之大。在阿尔卑斯山、亚平宁和西西里岛等处，还发育有石膏岩溶。

瑞士境内的穆奥塔河及穆奥沙河谷地带的霍洛赫溶洞（图3-3），是世界著名的溶洞之一。目前已被测量的长度为197 km，深度为939 m。

英国岩溶发育也具有一定规模，如中部的约克郡有大片的碳酸盐岩分布，但地表岩溶仅保留末次冰期以后，即一万多年以来在冰遗面上发育而成的溶沟、溶痕、溶盘和浅蝶形洼地。由于冰川运动的刻蚀，使早期的岩溶刨蚀无遗。故英国的地表岩溶景观多是溶蚀岗

△ 图3-3 瑞士的霍洛赫溶洞

丘，山峰奇特的不多。地下岩溶中以溶洞最具特色，有名的溶洞有克拉范姆、玛维捷、柯克斯和高斯等。切达峡谷溶洞是英国最知名的洞穴，也是英国最大的地下溶洞，最大的地下河流。这里边奇形怪状的钟乳石、石笋让人赞叹大自然的神奇。

切达峡谷坐落在布里斯托尔西南30 km处，是英国最大的峡谷。峡谷周围的悬崖高耸，风景优美，而谷内的峭壁上洞穴密布，柯克斯和高斯溶洞是其中最大的两个溶洞。柯克斯和高斯溶洞的命名是为了纪念其发现者，柯克斯溶洞是1837年由柯克斯发现，高斯溶洞是1893年由高斯发现。在高斯溶洞里曾发现一具早期穴居人的完整骨骸，这具名为"切达人"的骨骸已有9000年的历史，在已发现的其他遗骸中，有的已有12000年的历史。20世纪90年代，曾将"切达人"的DNA与切达小学生DNA进行对比，发现他是其中两名学生的远祖（图3-4）。

在中欧，横跨匈牙利和捷克的巴拉德拉洞群洞长22 km，在洞内曾发现30多具石器时代的原始人类骨骼。洞中还有匈牙利著名诗人裴多菲于1845年的题字。洞中石钟乳非常发育，被称为"冰冻瀑布"，是世界文化遗产之一。

▲ 图3-4 英国高斯溶洞及洞中的"切达人"遗骸

希腊的梅丽萨尼洞位于凯法利尼亚岛东南岸，被重重森林包围。希腊语中"梅丽萨尼"意为"女神的洞穴"，神秘而唯美。1951年被科学家发现，1963年首次向公众开放。该洞是一个充满水的天坑，是游泳者的天堂。在正午阳光的照射下，洞穴会反射出幽幽的蓝色光芒（图3-5），在当地的传说中，这是希腊女神的庇佑，将给每一位在此游泳者带来幸运。

△ 图3-5　希腊的梅丽萨尼洞的蓝色光芒

黑海与里海之间的高加索地带，包括俄罗斯西南、乌克兰东部、格鲁吉亚、亚美尼亚和阿塞拜疆，有大量的碳酸盐岩分布，岩溶发育。特别是克里米亚地区，其恰特尔达格洞、鄂丽安多夫洞、千头洞等，均因为规模巨大而闻名于世。俄罗斯伏尔加河畔高尔基市的巴尔努克洞、依列楚防护山洞、空谷尔洞等都是很著名的岩溶洞穴。

俄罗斯中部的乌拉尔山区，分布着大片碳酸盐岩，岩溶发育，岩溶洞穴较多。俄罗斯岩溶研究开始较早，16世纪就有关于岩溶洞穴的记载，18世纪30年代就开始对空谷洞等进行研究。空谷尔洞的大冰窖在世界上也是很有名的，其中一个洞在第十七届国际地质大会上曾被命名为"世界人民友好洞"。乌拉尔培什玛河畔的干沟洞发现有史前人类使用过的工具。西伯利亚地区的下武丁洞和巴拉岗洞等，富含几百万年至几千万年前的动物群化石。

——地学知识窗——

巴拉德拉洞群

　　巴拉德拉洞群是欧洲最大的洞穴之一，位于匈牙利东北部与斯洛伐克交界处，是一组错综复杂，通道漫长的地下洞穴群。通道总长22 km，其中15 km在匈牙利境内。从西端格泰莱克洞进入，从东端约斯瓦弗洞出，需要几个小时，是世界上同类型洞穴中最长、钟乳石最多的一个。洞穴依形定名为：巨人厅、圆柱大厅、音乐厅、中国宝塔、幽灵洞、屠户、比萨斜塔、冰冻瀑布、小黄河、天文台等，其中"天文台"是世界上最大的石笋，高25 m，底部直径8 m。"圆柱大厅"有几百根颜色不同的冰柱，匈牙利著名诗人裴多菲在其中的一根圆柱上刻字留念。洞中的钟乳石和石笋姿态万千，色彩各异（图3-6）。第十一届国际探洞救援会议在巴拉德拉洞穴召开，有超过20个国家的80名代表出席盛会。

图3-6　巴拉德拉洞群巨型石钟乳

美洲地区

北美的美国、加拿大，中美的墨西哥及加勒比海盆地的古巴、牙买加、多米尼亚、波多黎各、洪都拉斯、危地马拉、委瑞内拉等都分布有较多的碳酸盐岩，地下岩溶较发育，溶洞和天坑居多。

美国碳酸盐岩主要分布在中东部的肯塔基和印第安纳州，其他如加利福尼亚州、密苏里州、新墨西哥州、佛罗里达州、内华达州、德克萨斯州等也有分布。在肯塔基州中部至密西西比高原地区，25 000 km²的范围内，发育有岩溶洼地60万～70万个；印第安纳州的岩溶洼地也有30万个之多。这一带为起伏不大的波状准平原，由于岩溶洼地、落水洞发育，又被称为"落水洞平原"，地下各种岩溶洞穴通道系统发育。肯塔基州的猛犸洞，是在1799年由一个叫罗伯特·霍钦的当地猎人

为追捕一头被打伤的熊，于树林后陡崖下发现的。

猛犸洞是世界上最大的溶洞，20世纪60年代发现其总长度达250 km，目前已知其总长度达600余千米，这个数字每年都会增加，究竟有多长，至今仍在探索。洞穴探险家柯林斯在1917年发现的弗洛伊德·柯林斯水晶洞也是猛犸洞穴的一部分，连接着数目不少于15个的其他洞穴，使猛犸洞成为真正的"万洞之洞"。洞中有77座地下大厅，最高的一座称为"酋长殿"，可容纳数千人。整个洞平面上迂回曲折，垂向上可分出五层。最底下的通道现在仍然在水流的作用下不断扩大。石钟乳、石笋、石柱、石花和石膏晶体装点着洞室和通道。雨季，整个洞内都有流水，成为地下河流。地下河在坡折处流出跌落，形成瀑布；旱

季，洞内局部地区有水，成为深不可测的地下湖泊（图3-7）。洞中有三条暗河、八道瀑布，还有多处地下湖。著名的冰冻尼加拉瀑布，高22 m，光怪陆离，千姿百态。

洞穴已发现生活着200种以上的动物，其中1/3一直与世隔绝，仅靠河水的养分生存。珍稀的动物如盲鱼、无色蜘蛛、印第安那蝙蝠等显示了动物对绝对黑暗和封闭环境的适应，肯塔基洞鱼是一种奇特的盲眼淡水鱼。

猛犸洞国家公园（又名马默斯洞穴国家公园）

▲ 图3-7　美国猛犸洞的石钟乳及地下湖

的主体部分是猛犸洞的一部分，位于肯塔基州西南部的埃德蒙森县境内。1926年批准通过，1941年建立，1981年10月27日被联合国教科文组织认定为世界遗产，1990年9月26日又被列入世界生物圈保护区名单。

美国岩溶大洞穴还有很多，且很有特色。

德克萨斯州的雅各布深井，是一眼深度10 m左右的天然泉坑，泉坑斜侧的溶洞近40 m深。由于溶洞被清澈的泉水淹没，深不见底，是世界上最危险的潜水之地，也是潜水爱好者的探险之地。

亚利桑那州本森的卡特切纳洞，深藏于沙漠底下，长度超过3 km，以华美而精致的鹅管而闻名。鹅管最长的达6 m，

45

目前还在生长，所以这种洞穴非常脆弱，只有少数监护人员和科研人员才有权置身其中。

美国肯塔基州的钻石洞，其垂悬结构的方解石，外形酷似熏肉，具有熏肉一样的层状结构，人们形象地将它们称为"洞穴熏肉"。加利福尼亚州的沙斯塔湖溶洞中的石钟乳、石笋、鹅管、石柱等千奇百怪。佛罗里达州的岩溶与海岸自然条件有着密切的关系，其温特帕克天坑深约30 m。

美国西部的新墨西哥州佩科斯河西岸的吉瓦瓦森林中的卡尔斯巴德洞窟，由83个独立的洞穴组成，1930年5月14日建成国家公园，面积189 km²。这是一个神奇的洞穴世界，它以丰富多样而美丽的矿物质而著称。特别是龙舌兰洞穴，构成了一个地下的实验室，在这里可以研究地质变迁的真实过程。溶洞分为三层，洞穴中的钟乳石千姿百态，每一处钟乳石都有形象的名字，如"恶魔之泉""国王宫殿""太阳

神殿"等。另外，洞穴中还有岩幔和洞穴珍珠。最吸引人的是巨室洞穴，长1 200 m，宽188 m，高85 m。四壁的钟乳幔将其装点得犹如一座豪华的宫殿（图3-8）。洞窟内还有另一壮观景象，黄昏时蝙蝠倾巢出动，形成漫天飞舞的"蝙蝠云"，遮天蔽日，摄人心魄。

美国石膏和盐岩岩溶也有相当规模

▲ 图3-8　美国卡尔斯巴德洞窟内的巨型石笋及怪异石幔

的发育，著名的盐岩溶洞有芝加哥加洛斯盐洞，洞内有盐钟乳石，空气清新。

加拿大的岩溶主要分布在中南部的安大略省和魁北克省南部。闻名于世的尼亚加拉大瀑布就发育于白云岩地层之上（图3-9）。尼亚加拉大瀑布与一万多年前的冰川消退后的侵蚀有关，是因在苏必利尔湖、伊利湖两大湖泊间相连的很短的河道上，由大流量水流的溯源侵蚀而形成。加拿大气候寒冷，许多岩溶洞穴发育与冰水作用有关。加拿大湖泊集中分布，岩溶作用及岩溶洞穴的发育受湖水水位的影响明显，多发育在不同时期的湖水位面。

尼亚加拉河横跨加拿大安大略省与美国纽约州的边界，是连接伊利湖和安大略湖的一条水道，河流蜿蜒而曲折，南起美国纽约州的布法罗，北至加拿大安大略省的杨格镇，全长仅54 km，海拔却从174 m直降至75 m，上游河段河面宽2~3 km，水面落差仅15 m，水流也较缓。从距伊利湖北岸32 km起河道变窄，水流加速，在一个90°急转弯处，河道上横亘了一道白云岩构成的断崖，水量丰富的尼亚加拉河经此，骤然陡落，水势

△ 图3-9 加拿大尼亚加拉瀑布

澎湃，声震如雷，形成了尼亚加拉瀑布。

巴哈马群岛是西印度群岛的三个群岛之一，虽然它被认为是加勒比海地区的海岛群，实际上却并不在加勒比海内，而是位于佛罗里达海峡口外的北大西洋上，属于北美洲。这个群岛由700多个海岛和2 400多个岛礁组成，这些岛礁大都由珊瑚礁灰岩组成，水下岩溶发育。坐落在巴哈尔群岛长岛的龟背湾水域的"牧师的蓝洞"是世界上已知的最深的盐水天坑。蓝洞深约202 m，入口处直径35 m，上小下大。这个天坑是自由潜水者的天堂。

墨西哥的碳酸盐岩分布十分广泛，结构多种多样，这些不同的结构不仅形成多种岩溶地貌，还促使多种矿产资源的形成，墨西哥的石油大多都分布在碳酸盐岩的岩溶裂隙和结构空隙中。墨西哥的岩溶发育主要以地下岩溶为主，溶洞和天坑是

主要的岩溶景观。

墨西哥北部奇瓦瓦沙漠之下有一个神奇的水晶洞，2000年4月，奇瓦瓦奈卡矿的矿工在搜寻铅矿和锌矿时发现了一个巨大的充水洞穴，这就是大名鼎鼎的水晶洞。将洞穴中富含矿物质并且炙热的水抽干后，一个由众多透明石膏晶体构成的奇妙世界展现在矿工面前，令他们惊讶不已。这些晶体长度最高达到12 m，重量最高可达到55 t。将水晶洞中的热液抽干后，洞内的石膏晶体已不再生长。在较为明亮的区域，水晶洞温度可达到43摄氏度，入洞者不能在洞内停留太久。

墨西哥中部圣路易斯波托西州阿奇斯蒙镇的燕子洞为一开口的竖溶洞，洞深达426 m，是世界上著名的深大竖洞之一。燕子洞内栖居着成千上万只蝙蝠和燕子，这也正是"燕子洞"得名的原因。有探险者头上绑上一个摄像机、在背上系上一个降落伞从洞口跳下（图3-10），不得不降落在深达2米的鸟粪山上。燕子洞如此深邃，也因此

得了一个"大洞"的绰号。

墨西哥中东部的恰帕斯天坑深不可测，有着"鹦鹉洞"之称。它深140 m，宽160 m，因种类繁多的绿色长尾鹦鹉而闻名于世。鹦鹉们在洞底郁郁葱葱的树枝上寻找归宿，其他鸟类和小动物，包括蜂鸟、金莺、啄木鸟、土狼、食蚁兽和鬣蜥等也都生活在坑底这个与世隔绝的原始森林里。此洞另一个独特之处就

▲ 图3-10 墨西哥圣路易斯波托西州燕子洞

是在70 m处的岩壁上，有46幅岩画，专家们认为这些岩画是由当地索克人的祖先们在1万年以前雕刻而成。

墨西哥东南部的尤卡坦半岛，位于墨西哥湾和加勒比海之间，使中美洲向东北方突出部分，将加勒比海从墨西哥湾中分离出来，是古玛雅文化的摇篮之一。半岛几乎全部由珊瑚层和多孔石灰岩构成，为一南高北低的第三纪石灰岩台地，海拔多低于150 m，岩溶地貌广泛。地表水多渗入石灰岩洞，使河湖成为干谷。岩石表面有穿孔之处就有天然井和溶洞，古代玛雅人就在这些岩溶洞穴中建立城市和祭祀中心。考古专家在半岛上挖掘出14个古玛雅洞穴。这些洞穴中有迷宫般的石制寺庙和金字塔，甚至一些洞穴还位于水中。半岛玛雅遗址奇琴伊察附近的益吉天然井，深约335 m，是全球最大的有水"天坑"之一。葱郁的植被覆盖着井口周围，井下

垂着不少热带植物的藤须（图3-11）。据说，此天坑古代是给玛雅皇室休憩之用或祭典时使用。

古巴和波多黎各的岩溶，因气候条件控制而具有热带岩溶特征。古巴也有塔状的地表岩溶景观，但比起我国南方峰林和峰丛地表岩溶景观要逊色很多。波多黎各碳酸盐岩年代新，孔隙率大，溶隙十分发育。

▲ 图3-11　墨西哥益吉天然井（天坑）

洪都拉斯的蓝洞位于加勒比海西岸的伯利兹，又叫伯利兹大蓝洞。大蓝洞距伯利兹城陆地大约100 km，是灯塔礁的一部分，为世界十大地质奇迹之一。完美的圆形洞口四周由两条珊瑚暗礁环抱着，直径为304 m，洞深122 m。大蓝洞在二百多万年前的冰河时期是个干涸的大溶洞，石灰岩穹顶因重力及地震等原因坍塌出一个近乎完美的圆形开口，成为敞开的竖井，上下小，中间大（图3-12）。当冰雪消融、海平面升高后，海水便倒灌入竖井，形成海中嵌湖的奇特蓝洞现象。现今的大蓝洞是一个名闻遐迩的潜水胜地，世界著名的水肺潜水专家雅各-伊夫·库斯托将大蓝洞评为世界十大潜水宝地之一，并于1971年进行探勘测绘。

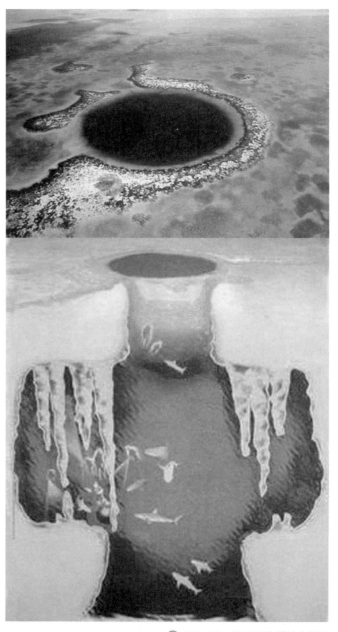

图3-12 墨西哥伯利兹大蓝洞

亚洲地区

以中国为代表的亚洲地区碳酸盐岩分布十分广泛。除中国外，日本、韩国、越南、马来西亚、土耳其、黎巴嫩、巴布亚新几内亚等国家均有分布，岩溶发育各有千秋。

日本是个火山多发地区，其碳酸盐岩中有多期火山喷发和亚岩浆侵入。岩溶发育过程中受到火山作用的影响。如日本西南山口县秋吉台发育的鹰克洞和秋芳洞，均发现形成于1万多年至2.4万多年前的火山灰堆积。秋芳洞中的坍塌堆积与火山喷发及地震有关。洞中钙华沉积物，形成年代在30万年以前。

越南北部的下龙湾有着奇特的海上峰林岩溶地貌景观。越南下龙湾中密集地分布着1969座石灰岩岛屿，矗立在海中，蔚为壮观。许多岛屿得名于它们特别的形状，如像大象、好斗的公鸡、屋顶等（图3-13）。每个岛屿都覆盖着浓密的丛林植被。这种峰林地貌和我国广西一带的岩溶景观相似，不同的是被海水淹没，矗立的峰林漂浮在海涛之中。岩溶发育成峰林——准平原地貌形态后，由于地壳沉降，海水上升，使相对平坦的平原沉入海水之中，后期的雨水淋蚀作用对露出海平面的峰林进行进一步的雕刻，海水对海平面附近

▲ 图3-13　越南下龙湾的海上岩溶地貌（斗鸡石）

的峰林山体起着溶蚀和冲蚀作用，发育有海蚀参与的岩溶洞穴。木桩洞（也叫中门洞）是下龙湾地区最大的洞穴。19世纪末，法国游客来此游览，命名该洞。它的3个大型洞室形状、规模各不相同。外洞像一间高大宽敞的大厅，可以容纳数千人，洞底平坦，洞口与海面相接，涨潮时，小游艇可以一直开进洞口。从外洞通中洞的拱形洞口，只能容一人通过，旁边立着一块灰白色的大石头，像一头大象守卫着洞门。中洞长8 m，宽5 m、高4 m。再通过一个螺口形的洞口，就进入长约60 m，宽约20 m的长方形内洞。洞内生长着无数的钟乳石和石笋。

1994年12月17日，在泰国举行的世界遗产委员会第18次会议上，下龙湾被列为世界遗产，成为越南最受欢迎的旅游景点之一。越南南部丛林中也发现了数量众多的岩溶洞穴，如2009年发现的韩松洞等。

马来西亚首都吉隆坡及其周边地区的碳酸盐岩因岩浆侵入过程中的热液作用而产生变质，并被花岗岩体环绕。吉隆坡为较平坦的准平原，有类似峰林的岩溶地貌景观。来自地球深部的热液富含二氧化碳，对石灰岩产生溶蚀作用，后期雨水对变质的碳酸盐岩产生进一步淋蚀作用，形成高20～40 m的石林。

马来西亚婆罗洲岛西北的沙捞越州，地处热带雨林，地势平缓，为热带雨林覆盖的山体多为石灰岩，因此溶洞发育得非常好。东北部的姆禄国家公园的溶洞群，被列入世界自然遗产名录，是丛林溶洞探险的佳处。溶洞中著名的有沙捞越的鹿洞，洞口下压得很坚实的地面上有不少鹿的脚印而得名。洞穴中野生动物的种类繁多，其中蝙蝠最有名。鹿洞居住着12种不同种类的蝙蝠，总数量高达百万只，洞内的蝙蝠粪堆积如山。每天5时45分左右蝙蝠们会成群结队地飞出山洞，形成著名的"蝙蝠龙"。每天第一批出洞的蝙蝠多被盘旋在洞口饥饿的老鹰吞食。当老鹰吃饱离去后，成千上万的蝙蝠才能安全出洞。

土耳其西南部的安塔利亚至帕木卡里一带，分布着大片的碳酸盐岩，位于地中海北部的海岸带，年降水量丰富，气候和我国东南的两广地区相似。不同的是，我国受季风影响，多雨和高温同时出现，而土耳其因受地中海气候影响，多雨和高温不同步，相应地就没有我国南方的峰林等地表岩溶景观出现。远离海岸带的内陆高地，降水减少，气候呈半干旱状态，地下岩溶发育。这一带地质构造导致大量的地下热矿水涌出地表，不仅塑造了地下岩溶通道和洞穴，更因为温度及水压力的骤降，溶蚀了碳酸钙的热矿水外泄，在帕木卡里一带高差90多米的河谷产生大片钙华沉积，形成钙华瀑布、钙华堤坝和钙华梯田等奇特的热岩溶沉积地貌景观。帕木卡里在当地语言中是棉花堡的意思，从远处看，钙华就像是铺在多级阶地上雪白的棉花（图3-14）。

▲ 图3-14 土耳其帕木卡里棉花堡

黎巴嫩有三分之二的领土为岩溶地区，地表有坡谷、洼地、谷地、岩溶漏斗、盲谷、落水洞等多种岩溶微地貌景观。地下岩溶有地下河、地下湖及暗河等。中生代至上新生世活跃的地壳抬升运动，导致红海裂谷张开，阿拉伯板块与非洲板块分离，以及与之伴生的断陷、断裂，都对黎巴嫩及其周边地区岩溶的发育起着控制作用。这一带气候比较干旱，地表岩溶景观中可以见到尖峻的溶沟溶槽，且具有热带岩溶特征。地下岩溶较发育，岩溶洞穴和岩溶大泉居多。贾埃塔溶洞位于黎巴嫩首都贝鲁特附近，溶洞共有二层，上层长650 m，下层处于水中。这一双层溶洞于1836年被发现，在战争时期，溶洞被封闭，直至1995年才又重新对外开放。岩溶大泉最大流量每天可达86万立方米，接近济南四大泉群最旺时期的总流量。

大洋洲地区

大洋洲分布碳酸盐岩面积较大的国家有澳大利亚、新西兰等，其次是巴布亚新几内亚，其他岛国或许也有碳酸盐岩的分布，尚有待进一步科学考察。

澳大利亚大陆南部的鲁拉波尔平原下部分布着大面积的碳酸盐岩，面积达20万km²。这里属干旱—半干旱气候区，地表岩溶以深度3～5 m的溶沟溶槽及直径10～15 m的浅岩溶洼地为主，落水洞和溶洞也较常见，冰期海平面下降及来自地壳深部的岩浆岩侵入，都对该地岩溶发育带来影响。

澳大利亚大陆东南端的塔斯马尼亚岛西部戈登湖流域的荒野，其地貌分为冰川遗迹、岩溶和海岸线三大类型，1982年作为文化和自然遗产列入《世界遗产名录》，1989年遗产范围扩大。该地区的年降水量高达2 000～3 600 mm，且降水强度大，形成许多急流和瀑布。早期的冰川作用，整个地形被切割得支离破碎，且大

——地学知识窗——

澳大利亚的化石洞群

从1963年到1964年，南澳大利亚的洞穴探测组织在海斯泰山洞采集到已经灭绝的巨袋鼠三个亚科的52具化石，随后更多的化石在佛克斯山洞被发现，所有的化石都被保存在南澳大利亚博物馆里。1969年，卡特莱尔和威尔士发现了岩洞的扩展地带。他们穿过一系列山洞和通道，发现了一个有着成千上万脊椎动物化石的山洞，该洞被称作化石洞。1971年发掘时，穿过距化石洞几百米远的狭窄的通道，又发现了两处化石遗址。1975年，岩洞被重新命名为维克多丽亚岩洞。此后又在洞穴中发掘出约138 m^2 的沉积物和骨头化石遗址。2002年，科考队对埋藏在沙漠荒地—鲁拉波尔平原的一些洞穴内发现的大型动物尸骨进行研究。在数十只已灭绝的澳大利亚巨型动物（生活在50万年前）的尸骨中，发现了第一具完整的袋狮骨架（图3-15）。

▲ 图3-15　澳大利亚维克多丽亚岩洞

部分地区岩石裸露。外轮山、冰川谷、冰碛湖和U形谷等冰川遗迹与千奇百怪的岩溶地貌交相辉映。深不可测的溶洞、岩拱和岩谷比比皆是。临近卢恩河的埃克塞特溶洞里的水道长达20 km，洞内景色瑰丽。

新西兰北岛和南岛的北部都分布着较多的碳酸盐岩，地下岩溶发育，以溶洞为主。北岛中部蒂库伊蒂的怀托莫溶洞，南岛北部的尼尔森阿瑟山下的内托贝溶洞，都是新西兰著名的溶洞。

怀托莫溶洞位于新西兰北岛的蒂库伊蒂附近，也是新西兰著名的风景区。溶洞主要由3个各具特色的大溶洞组成，即怀托莫荧光虫洞、鲁阿库尔洞、阿拉纽伊洞，其中怀托莫荧光虫洞最著名。怀托莫在毛利语中意为"流水贯洞"，洞顶和洞壁上满布的新西兰荧光虫，尾部长有绿色发光体，如繁星闪烁，熠熠生辉。荧光虫在幼虫期不仅能发光，还能分泌附有水珠般黏液的细丝，极像晶莹剔透的水晶珠帘，从洞顶倾泻而下。洞内昆虫循光而来，撞到丝上就被粘住。荧光虫幼虫便爬过来美餐一顿。美丽荧光下的水晶珠串，竟是危机四伏的"垂钓线"（图3-16）。这一奇观，被英国大文豪萧伯纳誉为世界奇观。鲁阿库尔洞，毛利语意为"狗洞"。洞内曲径通幽，石钟乳如条条白练下垂，石笋、石幔参差不齐，各具其妙。阿拉纽伊洞，洞内石钟乳洁白如雪。洞中有一胜景名东方舞台，林立的石笋在彩灯的照耀下，映现出东方传奇故

▲ 图3-16 新西兰怀托莫溶洞的荧光虫及"垂钓线"

事中的种种人物，使人浮想联翩、流连忘返。

巴布亚新几内亚的新英格兰岛，遍布火山、石灰岩山脉、湍流和热带雨林等自然景观。岛上有一个叫Minyé 的天坑，深510 m，宽350 m。Minyé天坑是由地下河流、暴雨以及受到侵蚀的石灰岩，导致了地表岩层的倒塌，形成天坑。

非洲地区

洲大陆除北部沙漠地区外，从前寒武纪（约6亿年以前）起就是一个较为稳定的隆起陆块，属于冈瓦纳古陆的一部分，覆盖在古陆基底之上的沉积物大都是陆相的砂页岩，少有可溶的碳酸盐岩，仅早元古代德兰士瓦超群（约18亿~20亿年以前）为巨厚的白云质灰岩。这部分白云质灰岩因为地层古老，在非洲大陆又缺乏雨水的冲溶，因而岩溶不发育。北非在古生代和中生代有两次较大的海进，沉积的碳酸盐岩中夹有盐岩和石膏层，后期被陆相及潟湖相的砂页岩及膏盐覆盖，新生代又被沙漠埋了起来。沙漠之下也有被埋藏的溶洞，还有待进一步考证。

南部非洲中生代的海侵沿东、西海岸一直伸向南非开普山，沉积虫灰岩、有孔虫页岩和泥灰岩，新生界又沉积了凝灰岩等可溶地层。在海岸带的灰岩中发育一些岩溶洞穴，其中比较著名的洞穴当为南非的康戈洞。洞中不仅有巨大的石笋、石柱、水晶奇观，还发现了布希曼人居住的痕迹。在南非西部的奥兰治洞穴堆积中也采集到了南方古猿的化石，并伴有其他的动物化石。

南非南端的印度洋海岸，从乔治镇到伊丽莎白港，因风景秀丽被称为"花园大道"。花园大道的内陆部分，在奥次胡恩往北30公里的群山之中，有一座天然的溶洞，以其规模庞大的钟乳石闻名，这就是康戈洞。1780年7月11日，牧人Klass Windvogel 为了找寻走失的小牛，无意间

57

发现了这一个巨大的溶洞。康戈洞是非洲最大的钟乳石洞，目前探勘完成的洞穴宽1.5 km，长16 km，但还远远没有探到洞穴的尽头。开放供游客参观的部分深入洞中的1.6 km处，洞穴中的石钟乳、石笋、石柱，有些甚至高达10 m以上，还有内部中空，用手拍打会发声的"鼓石"。在主洞"波塔厅"里，由钟乳石和石笋合成的石柱看上去像"结成冰的瀑布"。30 cm宽的"魔鬼的烟囱"及"邮差的信封"等关口却充满刺激和神秘（图3-17）。康戈洞内发现布希曼人（也叫非洲桑人，生活在大约4.4万年以前）居住的痕迹，不仅发现了布希曼人所遗留下的壁画，还发现了他们生活和生产所用的工具。山洞中的居民用鸵鸟蛋和贝壳来装饰自己，用缺口的骨头来标记事情，懂得使用毒药和蜂蜡。

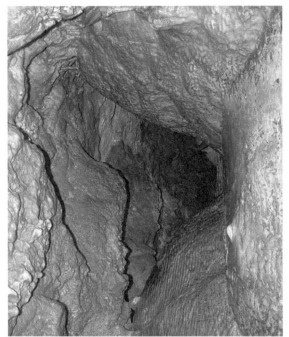

▲ 图3-17 南非的康戈洞及洞内"魔鬼的烟囱"

Part 4 中国岩溶巡礼

　　中国岩溶分布之广，类型之多，研究历史之悠久，在世界范围内实属罕见。2008年2月11日，时任国土资源部副部长的王寿祥代表时任国土资源部部长徐绍史与联合国教科文组织（UNESCO）总干事松浦晃一郎在巴黎签署协议，正式将世界岩溶研究中心设在中国桂林。桂林世界岩溶研究中心成为我国第一个由联合国授权设立的地学研究中心，它也是联合国设立的第一个以地质为中心的世界研究中心。

　　那么，中国的岩溶及岩溶研究有什么独到之处呢？

中国岩溶分布及特征

在中国，作为岩溶发育的物质基础——碳酸盐类岩石分布很广。据中国地质科学院岩溶地质研究所资料，我国碳酸盐岩分布总面积达344.3万平方千米，约占国土面积的三分之一。其中裸露的碳酸盐岩分布面积为90.7万平方千米，埋藏的碳酸盐岩分布面积为253.6万平方千米。从地理环境跨度看，从北纬3°的南海礁岛，到北纬48°的小兴安岭；从东经74°的帕米尔高原，到东经122°的台湾岛；从东海海滨，到海拔8 848.43 m的珠穆朗玛峰均有碳酸盐岩和岩溶分布。

碳酸盐岩石和岩溶发育在全国各省区均有分布，但以中国南方的滇、黔、桂岩溶高原及临近的川、渝、湘、鄂地区（54万平方千米）和中国北方的山西高原及临近的冀、豫、鲁地区（47万平方千米）两个连片岩溶发育区最为重要。

如图4-1所示。

一、中国岩溶的发育特点

岩溶地貌从地球的温带到热带、从半干旱到湿润的相关国家和地区都有分布，但一般不兼容。唯有中国，岩溶类型发育齐全，呈现四大优势：大陆碳酸盐岩古老坚硬，孔隙度小；水热配套的季风气候有利于中国岩溶的发育；新生代地壳抬升；大部分未受末次冰期的刨蚀作用。而中国南方亚热带岩溶因更具代表性而成为世界岩溶学立典之地。这也是为什么世界岩溶研究中心设在中国桂林的原因。

受地理位置、地质条件及气候因素的影响，岩溶类型总是以组合的形式出现。我国可以分为四个主要岩溶组合类型，即南方热带亚热带岩溶、北方干旱半干旱岩溶、西南高山高原岩溶、东北温带半湿润区岩溶。

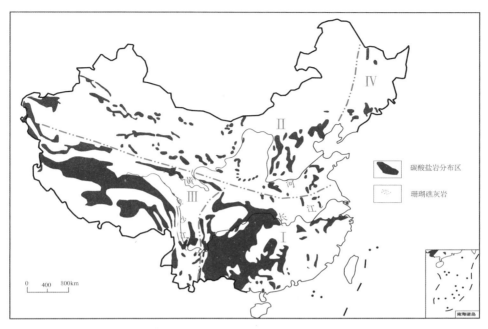

🔺 图4-1　中国岩溶分布（据袁道先，2002）

Ⅰ—热带亚热带岩溶区；Ⅱ—干旱、半干旱岩溶区；Ⅲ—高山高原岩溶；Ⅳ—温带半湿润区岩溶

二、中国南方热带亚热带岩溶

热带岩溶的条件是降水量和年平均气温分别在1 200 mm和15℃以上。亚热带岩溶广泛发育在典型的季风气候区，气候特点是干湿季节分明，夏季多雨，年平均降水量在800 mm以上。我国热带岩溶和亚热带岩溶分界不甚明显，具过渡和重叠现象。

中国热带和亚热带岩溶的北界线为秦岭-淮河一线，西界沿四川盆地西部山地的东缘，向南至云南省的昭通、楚雄、潞西。地域范围包括西南的广西、贵州、云南、四川盆地、重庆、湖南西部、湖北西部等7省连片典型岩溶区，东南的江苏、浙江、安徽、江西、上海、福建、广东等7省分散非典型岩溶区及海南岛、台湾岛及南海诸岛岩溶区。这里雨量充沛，平均降水量1 000～2 200 mm，气温高，平均气温16～22℃，且高温和雨季十分合拍，极有利于岩溶发育。

热带和亚热带碳酸盐岩分布区的地表岩溶形态，从规模上可分为三个梯级。第一个梯级为宏观的大型形态，如岩溶峰林地貌；第二个梯级为正负地形的组合形态，主要有峰丛洼地和峰林平原；第三个梯级为个体形态和小形态，如尖深的溶痕、溶盆等。地下岩溶则以溶洞、天坑（地上、地下连通）、地下河流、高大的洞穴堆积物（如石钟乳等）、洞外钙华等为主。

1. 南方七省连片典型岩溶区

岩溶组合形态包括峰林、大量的洼地、尖深的溶痕、红土壤、洞外钙华以及众多的大型溶洞、地下河流及湖泊、高大的洞穴堆积物等。广西桂林、云南石林（图4-2，图4-3）、贵州黄果树等奇峰异洞，均为我国南方岩溶的典型代表。

我国南方岩溶除了目不暇接的奇峰外，还有引人入胜的异洞。地下岩溶洞穴的发育变化莫测，目前已进行科学考察的地下洞穴系统有1 000个，游览的溶洞

400多个，正所谓"无山不洞，无洞不奇"。其中著名的溶洞有湖北宜昌的白马洞、湖南张家界的黄龙洞、广西桂林的芦笛岩洞、贵州织金打鸡洞、云南石林的紫云洞、四川峨眉九老洞、重庆武隆的芙蓉洞等。

▲ 图4-2　南方岩溶峰林和丛林（桂林峰林）

▲ 图4-3　南方岩溶峰林和丛林（云南石林）

我国目前已知长度最大的溶洞和深度最大的溶洞均在西南岩溶区。已知长度最大的溶洞是贵州绥阳的双河洞，共有24个洞口，总长度117 km；已知深度最大的溶洞为重庆武隆天星乡的汽坑洞，垂直深度1 026 m（图4-4）。

号称"天下第一洞"的芙蓉洞，位于重庆武隆，其庞大的洞体，丰富的洞穴沉积物，星罗棋布的地下河水系，被誉为"是一座斑斓辉煌的地下艺术宫殿和内容丰富的洞穴科学博物馆""目前中国最好的旅览洞穴，也是世界上最好的旅览洞穴之一"。以其为中心的周围还发育有一个以大量竖井和平洞组成的庞大洞穴

群—芙蓉洞洞穴群，使其与美国的"猛犸洞"，法国的"科拉斯洞"并称世界三大洞穴。

芙蓉洞内的化学沉积物所构成的景观，几乎包括钟乳石的所有类型，共有70多种。石钟乳、石笋、石柱、石幕、石瀑布、石旗、石带、石盾、石葡萄、珊瑚晶花等应有尽有；形态有针状、丝发状、丝缕状、发簪状等，堪称完美。其中的巨型石瀑布、处于生长旺盛期的珊瑚瑶池、"生命之源"、生长旺盛的石花之王、世界绝无仅有的犬牙晶花石五绝，是世界洞穴景观的稀世珍品。芙蓉洞洞穴系统是"中国南方岩溶"世界自然遗产"武隆岩

▲ 图4-4　我国最长和最深的岩溶洞穴
（左为贵州的双河洞；右为重庆的汽坑洞）

溶"的一部分（图4-5）。芙蓉洞洞穴系统是我国唯一作为世界自然遗产进行保护的岩溶洞穴。

湖北、重庆、四川、广西等峰丛中发现了许多大型天坑和地缝式峡谷，都与地下河流相伴生。天坑俗称石围，周边大部分有绝壁圈闭，有一定面积，深度大于100 m，主要是因为岩溶塌陷形成的负地形。广西乐业县西北，在60 km的狭长地带，发现20个天坑，已经测量的15个天坑中，深200 m以上的就有11个，均具有世界级规模，而且这些天坑的底部都有植被，保持有难得一见的原始生态群落，为世界第一天坑群，堪称世界岩溶奇观（图4-6）。乐业县天坑群中最大的天坑为"大石围"坑，坑口直径420~600 m，天

▲ 图4-5　重庆武隆芙蓉洞（右为犬牙晶花石）

▲ 图4-6　广西乐业天坑群
（左：大石围天坑、右：穿洞天坑）

坑底最深处达613 m，最浅处也有511 m。

我国目前已于重庆、广西、四川、贵州等地发现60多个天坑，面积最大的天坑是重庆武隆的"下石院"坑，坑口直径545~1 000 m，坑底深50~373 m。深度最大的天坑当属重庆奉节的小寨天坑，坑口直径537~626 m，坑深511~662 m，是名副其实的世界之最（图4-7）。

△ 图4-7　重庆奉节小寨天坑

2.东南七省分散非典型岩溶区

由于受太平洋板块的影响，又受到多期岩浆岩的侵入，东南沿海七省碳酸盐岩多成破碎分散状分布。奇峰异洞也有发育，但并非全是溶蚀作用的结果，流水的冲蚀和化学溶蚀作用相得益彰。在浙江的新安江上游、太湖周边的低山丘陵、江西石钟山等均具有鲜明的流水冲蚀特色。苏轼的《石钟山记》中"噌吰如钟鼓不绝"之词句，生动地刻画水流冲击石钟山溶洞壁发出的声响。美丽的西子湖畔矗立的飞来峰、天都山、南高峰等奇峰，都是早期的岩溶峰林经水流侵蚀后期改造而成；广东清远的飞霞洞、江苏连云港花果山的水帘洞等，溶洞中有飞流直下，大有喧宾夺主之势（图4-8）。

3.海南岛、台湾岛及南海诸岛

我国海南岛、台湾岛和南海诸岛也分布有碳酸盐岩。台湾中央山脉分布有大理岩，太鲁阁一带尚有热液作用形成的洞穴和热矿水。台南垦丁一带分布珊瑚礁灰岩，抬升至高处的礁灰岩中发育有岩溶洞穴和岩溶塌陷形成的负地形。海南岛的碳酸盐岩山峰上有尖棱的溶蚀痕迹，是热带岩溶的一种奇特现象。我国南海诸岛大都是珊瑚礁灰岩，岛上有

▲ 图4-8　江苏连云港花果山水帘洞（洞穴与瀑布相得益彰）

许多小规模的岩溶洞穴发育。我国南海底部，许多都是碳酸盐岩，沉降于海底以下数千米深处。这些碳酸盐岩，也有古老的岩溶山峰和洞穴通道系统，有希望成为深层或富集油气资源的场所。

三、中国北方干旱、半干旱岩溶

1.北方半干旱区岩溶

主要分布于太行山、山西高原、吕梁山、鲁中南山地和燕山等地带，地域范围包括山西、豫西、陕西渭北、鲁中南和京津冀地区。该区域年降水量400～800 mm，平均气温4～12℃。地表形态以常态山、干谷为主，还有微小溶痕、石灰质角砾、黄土覆盖、岩溶大泉，

地下岩溶以溶孔、溶隙为主，发育少量的岩溶洞穴及洞内堆积物。

岩溶大泉是半干旱岩溶地区重要的水文特征，在华北地区，每日流量大于10万立方米的岩溶大泉就有50多个，其中尤以山东济南的趵突泉、百脉泉，山西太原的晋祠泉、娘子关泉等最为著名。

北方的岩溶洞穴，虽然在数量和规模上都无法与南方的岩溶洞穴相比，也不如南方岩溶洞穴的千奇百怪，千回百转，但也有其独特的魅力。北京的云水洞、石花洞（图4-9），山西的忻州洞，山东的九天洞，河南的雪花洞等也都建起了国家级或省级地质公园。

▲ 图4-9 北京房山石花洞及洞内石花

67

我国北方气候相对南方降水量小，气温也较低，但因同样受着东南季风的影响，雨季和高温同时到来，也有利于地表岩溶的发育，北京的西山、香山和太行山区，也有较为奇特的岩溶山峰。

2.西北干旱区岩溶

主要分布于西北的新疆、内蒙古、甘肃、宁夏一带。这里气候干旱寒冷，地貌上多为高原、高山、内陆盆地、沙漠等。碳酸盐岩为各个时代所形成，可溶的碳酸盐岩中夹杂较多的不可溶的其他岩石层。古岩溶的存在，是这些地区岩溶发育的显著特点。地下岩溶主要以岩溶小泉为主，流量一般不超过300 m³每天。西北地区有许多现代或古老的盐湖。这些盐湖的石膏、岩盐等，也是可溶的岩层，发育有溶孔、溶坑、溶洞和岩溶泉，但规模一般较小。

西北地区干旱、高寒，高原大山集中分布，新疆和内蒙古一带的阿尔泰山、昆仑山、天山、祁连山和阴山等山脉，虽然碳酸盐岩分布较多，但因为降水量少，仅100～300 mm，局部地区甚至只有20～25 mm，气温低，山底年平均气温2～6℃，山顶常年积雪不化。受到风力侵蚀和冰水侵蚀的影响，山峰的溶蚀特征不明显。天山科克乌苏一带海拔近

5 000 m的石林，阿尔金山自然保护区海拔5 000 m左右的奇特山峰，都是由早期溶蚀和后期冰水作用共同塑造形成。高山地区的地下洞穴也非绝无仅有，都是在地壳抬升之前，处于低海拔时形成。

四、西南高原、高山岩溶

1.高原岩溶

主要分布在青藏高原，又以西藏中部和北部为代表，海拔在4 000～5 000 m以上，降水量不足300 mm，年平均气温低于-5℃，冰川作用和融冻作用十分活跃。高原上发育的石墙、石林式石芽、峰林式残林及小型溶洞和穿洞、溶蚀洼地、漏斗等大都是在早期温热条件下发育，经后期冰川改造而成。世界第一高峰珠穆朗玛峰上就有碳酸盐岩分布，其顶峰雪被下的岩溶发育情况目前尚不清楚，但在喜马拉雅山、唐古拉山、巴颜喀拉山等海拔4 000～5 000 m的位置，仍然有不少独特的岩溶山峰。在昆仑山海拔3 500 m的纳赤台，有岩溶大泉流出，流量超过10万立方米每天。岩溶大泉的存在，说明在高寒的青藏高原仍然存在局部岩溶强烈的发育。

2.高山岩溶

高山岩溶是指森林线以上发育的岩

溶，以岷山为代表的高山地区，垂向气候分异十分明显，上部发育高寒岩溶，形成冻蚀残林、残柱、石墙、岩屋式溶洞等，下部发育峡谷岩溶，物理作用不明显，生物岩溶十分发育，以各种钙华沉积为主要特点。九寨沟和黄龙的钙华沉积（图4-10），无论是百花齐放的春天，还是五彩斑斓的秋天，抑或是白雪皑皑的冬

▲ 图4-10 四川黄龙钙华沉积

季，其美轮美奂的形态和色彩都给人以置身于"人间仙境"的感觉。

五、东北温带半湿润区岩溶

东北的太子河流域、小兴安岭一带分布着大片的碳酸盐岩。太子河流域的碳酸盐岩分布面积达1 535 km²。这里气候潮湿温暖，有利于岩溶的发育。地表岩溶有岩溶洼地、落水洞、竖井等；地下发育有较多的溶洞、地下河、地下湖等。辽宁本溪的水洞（也称谢家崴子地下河），是目前已知的东北乃至北方最长的地下河洞穴，可通行游船长度为2 132 m。小兴安岭的小西林地区，由于有强烈的外源水作用，古老的大理岩中发育有溶洞、落水洞、地下河等，地下河水流排泄形成大片沼泽。

辽东半岛的金州—大连一带，碳酸盐岩被海水侵蚀而形成海蚀洞、海蚀柱、海蚀阶地、天生桥等独特岩溶景观。海平面以下的海蚀洞及海底泉，更是陆地岩溶望尘莫及的。一万多年前，这一带海平面比现在低80多米，早期发育的溶洞和岩溶大泉被海水淹没，成为水下奇观，海底泉被称为海底龙眼。

中国岩溶景观

中国岩溶景观丰富，若仅仅从旅游角度，可将我国岩溶景观分为"桂林山水型"、"岩溶瀑布型"、"岩溶峡谷型"、"岩溶洞穴型"、"岩溶泉水型"等。但本着从"观"中长知识的原则，本书根据地质成因、资源价值、中国地域特点以及景观特色，将其分为5大类14个亚类（表4-1）。

每个类型既可独立成景，也可相互结合构成综合性景观。

表4-1   中国岩溶景观分类

类	亚类及代表型	特 征	实 例
山峰景观类	1. 孤峰（独秀峰型）	四壁陡峭，100 m以上的石峰孤立在岩溶平原上	桂林独秀峰公园
	2. 峰林（兴坪—福利型）	相互离立的塔状、锥状石峰，林立在岩溶平原上、谷地中或峰丛区的边缘地带	桂林漓江风景区的兴坪—福利景区
	3. 峰丛（阳朔型）	联座的锥状石峰丛生在山体基岩上并与峰间洼地共生	桂林漓江风景区阳朔景区
石林景观类	4. 石林（石林型）	高达20～50 m的石灰岩柱，成群出现，远望如林	云南石林国家地质公园
	5. 天生桥（武隆型）	溶蚀作用形成的拱桥状地貌，桥下往往有溪流通过	重庆武隆天生三桥风景区
	6. 天坑（兴文型）	溶蚀、崩塌作用形成的巨型漏斗状凹地，其下多与地下河相通	兴文小岩湾天坑景区
	7. 钙华堆积（黄龙—九寨型）	岩溶泉形成的钙华流、边石坝、钙华堤及钙华堤堰塞池（湖）	黄龙—九寨风景区
峡谷景观类	8. 岩溶峡谷（三峡型）	最显著的特征是谷壁上有阶梯状陡坎，顶部有早期宽谷的痕迹，往往成为风景河段	三峡风景区
	9. 岩溶嶂谷（马岭河型）	谷壁陡立，谷底宽度远远小于谷深，水流较急，往往成为漂流河段	贵州兴文马岭河风景区
洞穴景观类	10. 岩溶旱洞（石花洞型）	水平、倾斜、单层或多层溶洞，其中有各种钟乳石石笋等，因地壳抬升成为脱离地下水面的旱洞	北京石花洞国家地质公园
	11. 岩溶水洞（本溪型）	多为水平洞穴，洞体中有地下水流动，可开发地下漂流项目	本溪水洞风景区
	12. 岩溶文化洞（周口店型）	洞中有古人类或古动物化石埋藏	北京周口店世界自然遗产
水体景观类	13. 岩溶泉（济南型）	承压的岩溶地下水，流出地表，构成泉水景观	济南趵突泉公园
	14. 岩溶瀑布（黄果树型）	岩溶地区的河流或山溪突然变陡形成大型跌水，成为有观赏价值的瀑布	黄果树风景区

一、千山万壑——岩溶景观之峰

峰林峰丛是可溶岩石受到强烈溶蚀而形成的石峰集合体。石峰表现为锥状、塔状、缓丘状等不同形状，孤立的石峰可称为孤峰，成群分布的石峰称为峰林，"看山不走山"是它的一大特点；而丛聚的基座相连的峰林则称为峰丛。南方黔、桂、滇、鄂、川、渝、湘、粤8省（区、市）是我国岩溶地貌分布最广的地区。峰林峰丛地貌作为岩溶地貌景观中最典型、最完美的类型，主要分布在中国南方黔、桂、滇三省（区），在鄂、渝两地也有少量分布（图4-11）。

桂林山水是其中最典型、最优美的代表。其他如广西七百弄峰丛、乐山大石围峰丛区、罗坪峰林、贵阳万峰林，也都美不胜收。

▲ 图4-11　中国峰林、峰丛分布区域

1. 桂林山水甲天下

桂林位于广西壮族自治区东北部，湘桂走廊南端，平均海拔150～600 m。桂林是世界著名的风景游览城市，有着举世无双的岩溶地貌。

在桂林山水中又以漓江流经阳朔的那一段最为美丽，故而有"桂林山水甲天下，阳朔山水甲桂林"之美誉。阳朔属典型的岩溶地貌，从桂林至阳朔可以见到典型的峰丛—峰林—孤峰地貌。这里的山，平地拔起，千姿百态；漓江的水，蜿蜒曲折，明洁如镜；山多有洞，洞幽景奇；洞中怪石，鬼斧神工，琳琅满目，于是形成了"山青、水秀、洞奇、石美"的"桂林四绝"。其中的一江（漓江）、两洞（芦笛岩、七星岩）、三山（独秀峰、伏波山、叠彩山）具有代表性，它们基本上是

桂林山水的精华所在。

漓江一年四季都非常美，最引人注目的是漓江的峰林烟雨。群山林立，云纱雾幔，峰回水转，山色空蒙，所有这一切如同奇幻的美景，与阳朔的峰林地貌有着密不可分的关系。葡萄镇位于阳朔县城北22 km，葡萄镇峰林由仁和峰林、报安峰林、周寨峰林、福旺峰林、西岭峰林、杨梅岭峰林、下岩洞村峰林丛组成，拥有丰富的峰丛、峰林、孤峰，岩石嶙峋，奇峰林立，地表常见有石芽、石柱、溶沟、漏斗、落水洞、洼地等岩溶地貌形态。葡萄镇峰林挺拔突兀，造型隽秀，堪称是岩溶峰林地貌的代表，是世界上峰林地貌发育和保存最为完好的地区之一，被誉为"天下第一峰林"。

象鼻山位于桂林市东南漓江右岸，山因酷似一只大象站在江边伸鼻吸水而得名，是桂林的象征。如图4-12所示。由山的西面拾级而上，可达象背。山上有象眼岩，左右对穿酷似大象的一对眼睛，由右眼下行数十级到南极洞，洞壁刻"南极洞天"四字。再上行数十步到水月洞，高1 m，

▲ 图4-12 漓江右岸的象鼻山

深2 m，形似半月，洞映入水，恰如满月，到了夜间，明月初升，象山水月，景色秀丽无比。宋代有位叫蓟北处士的游客，以《水月》为题，写下了这样的绝句："水底有明月，水上明月浮。水流月不去，月去水还流"。象鼻山有历代石刻文物50余件，多刻在水月洞内外崖壁上，其中著名的有南宋张孝祥的《朝阳亭记》、范成大的《复水月洞铭》和陆游的《诗礼》。

王城内的独秀峰位于桂林市市中心，群峰环列，为万山之尊。如图4-13所示。南朝文学家颜延之咏独秀峰的诗"未若独秀者，峨峨郭邑间"是现存最早的桂林山水诗歌。其峰顶是观赏桂林全城景色的最好去处，自古以来为名士所向往。登306级石阶可至峰顶，峰顶上有独秀亭。明代大旅行家徐霞客在桂林旅游有一月有余，却因未能登上此峰而遗憾。

2. 广西七百天下第一弄

七百弄位于大化瑶族自治县西北部的七百弄乡，距县城75 km，总面积达251 km²。由海拔800～1 000 m的5 000多座峰

丛深洼地的山弄组成。其特征是峰丛基座相连，山峰密集成四面环围状，中间深凹如锅底，是典型的峰丛洼地地貌。如图4-14所示。此种地形真实地记录了桂西北岩溶山区和红水河流域的演化历史和生态环境变迁史，是集美学欣赏价值和科研价值于一身的自然赋予人类的宝贵遗产，在2009年8月获得国家地质公园资格。

▲ 图4-13　王城内的独秀峰

▲ 图4-14　广西七百弄峰丛

——地学知识窗——

七 百 弄

"弄"字本是由"山"和"弄"构成上下结构的字（拼音：lòng，各种字典和词典的解释均为：壮族语，石山间的平地），由于电脑普及后，打字印刷均电子化了，山弄的"岽"字打不出，就用弄（nòng）字代替了。

瑶族第二大支系布努瑶世代居住于此，324个原始古朴的壮村瑶寨分布点缀于山弄洼地底部。因清光绪三十年（1904年）改土归流，官府在该地区设团总局，局以下设七个村团，每个村团下辖100多个弄，故得名"七百弄"。

七百弄以山奇、水秀、湖旷、洞秘、峡险、洼幽、坝雄和瑶壮民族风情独特等八大特色荣获全国首届风景名胜区展览奖。加拿大D·福特教授称七百弄的洼地（弄）是"世界上最陡最深的大洼地"，而甘房峒为七百弄深洼地（弄）之王，该弄深600多米，分出八条槽形洼地山弄，往北面延伸5公里，称"十里幽峡"（图4-15），27户瑶家分布于洼底，常年不涝不旱。在海拔800 m公路上俯

▲图4-15 广西七百弄的十里幽峡

视，真如世外桃源。沿着蛇行于乱石灌木丛中的1 400多级石阶路走到洼底的人无异于"天外来客"。 七百弄在得到合理利用开发后，主要景点有密洛陀岛、古堡瑶寨、千山万弄观景亭、石国天都、天下第一弄。

3. 乐山大石围峰丛区

乐山大石围峰丛区位于广西西北部云贵高原向广西盆地过渡的斜坡地带，海拔高程274～1 500 m，建有百色市乐业大石围天坑群国家地质公园和凤山岩溶国家地质公园，总面积930 km²。

乐山大石围峰丛区是典型块状岩溶区，区内发育有两大地下河系统，形成了成熟的高峰丛地貌，拥有全球最大的天坑群、最集中分布的洞穴大厅群、天窗群、最大跨度的天生桥、典型洞穴沉积物、最完整的早期大熊猫小种头骨化石以及独特天坑生态环境保留的动植物多样性，如天坑植物群落、布柳河河谷森林群落、中国兰花之乡和洞穴动物群落。

公园园区内旅游开发目前主要集中于大石围和三门海一带，主要景点为：大石围天坑、布柳河沿岸风光及天生桥、穿洞天坑、黄猄洞天坑、罗妹洞、三门海地下河天窗群、鸳鸯洞、穿龙岩等。

4. 罗平峰林

罗平峰林，位于滚滚珠江源头，磅礴乌蒙南麓，滇、桂、黔三省（区）的结合部，峰林面积约1 000 km²，尤以金鸡、芦沟、县城东南方、大水井一带的十万大山最为突出。峰呈塔形、尖锥形、浑圆形，高数十米至百余米。远眺列峰，密密簇簇、群峰叠翠，巍峨雄壮，鸟瞰飞云漫铺、翠峦浮海、奇绝奥秘。以一种群体的力量将它波澜壮阔的生命形态演绎得淋漓尽致。罗平十万大山的油菜花梯田神奇富丽得动人心魄。当地人俗称为花梯。金鸡岭的油菜花是以平坦而著称，那十万大山的油菜花，则以梯田的形式而闻名于世!

"金鸡峰丛"是峰林的核心景区，这里山连着山，绵绵无尽，层峦叠嶂，峰峦莽莽。走进峰林，虚渺飘逸，变幻莫测。罗平的早晨是多雾的，金鸡峰丛的雾更为特别。数十个孤峰在雾海中飘浮，白雾轻轻地浮荡着，愈来愈轻，愈来愈薄。无数个孤立的圆圆的小山从雾海中浮了出来，涂着一身的阳光。白雾散去，露出了金色的大海，在阳光的梳理下，泛起金属般的光泽，闪闪烁烁欢跳不止。

每年春节过后，罗平坝子便是油菜花的海洋。这恐怕是世界上最奇特的大海了。它是金色的，它是荡漾着清香的。这里有一座在岩溶地形上筑成的弯子水库。美丽的水库把油菜花染得沉甸甸的。罗平油菜花已成了滇东北高原上的一景（图4-16）。每年春节过后，成千上万游人从四面八方来到罗平观花海，弄花潮，寻找花的情思。

"罗平峰林记录了云南高原的夷平—隆升过程与低海拔古热带到高原亚热带的环境变化。"——林均枢

"区内锥状石峰排列如林，地貌典型。周边平坝梯田万顷，每到春季油菜花开，酷似金黄色海洋，碧峰金波相映成趣，其美无比。"——陈安泽

正因为罗平峰林有如此高的科研价值才赢得了如此多的地质专家的青睐。

罗平峰林那一个长约60 km、宽约2 km的"入"字形地带是景观最优美的区域：山峰秀丽，形态多变，峰如剑立，岩如斧劈。——《最美中国》编辑

罗平，你还要怎样美？

▲ 图4-16　油菜花海中的金鸡峰丛，花海中的罗平

5.兴义万峰林

兴义的万峰林是国家级风景名胜区马岭河峡谷的重要组成部分，兴义位于黔、滇、桂三省区结合部，主体部分位于贵州省境内，2009年成功升级为国家AAAA级风景名胜区。由兴义市东南部成千万座奇峰组成，气势宏大壮阔，山峰密集奇特，整体造型完美，被不少专家和游人誉为"天下奇观"。

万峰林，从海拔2 000多米的兴义

七捧高原边沿和万峰湖北岸，黄泥河东岸成扇形展开，逶迤连绵至安龙、贞丰等地。西北高，东南低，向万峰湖、黄泥河倾斜。上线以海拔1 600 m左右的高寒土山为界，下线至海拔800 m左右的亚热带红壤土山，形成一个环形山带。长200多千米，宽30~50 km，仅兴义市境内就有2 000多平方千米的面积，占兴义市总面积的2/3以上。根据峰林的形态，分为列阵峰林、宝剑峰林、群龙峰林、罗汉峰林、叠帽峰林等五大类型。每一类都各具特色，既独立成趣，又与其他类型的峰林相辅相成，组成雄奇浩瀚的岩溶景观。

在三百六十多年前，明代地理学家、旅行家徐霞客就曾到过万峰林，赞叹这片连接广西、云南的峰林："磅礴数千里，为西南形胜"，相传还发出这样的赞叹："天下山峰何其多，惟有此处峰成林"。

万峰林分为东峰林和西峰林两大片，对外开放的主要是下五屯镇境内的西峰林。西峰林是一座座奇美的山峦，与碧绿的田野、弯曲的河流、古朴的

村寨、葱郁的树林融为一体，构成大自然中最佳的生态环境，形成天底下罕见的峰林田园风光（图4-17）。东峰林山峦起伏，人烟稀至，一派原始田野景象。

如果说西峰林以田见长，那东峰林则以水取胜。东峰林山脚下有一条弯弯曲曲的小河，它从农田中缓缓由南往西而流，像一根游线，把依河而偎的几个布依族村寨像珍珠般地串连起来；也像一根晾绳，挂起了一帧奇峰似林、田坝胜锦、村落如珠、古榕若翠的巨幅画卷。这条河，当地人称为"纳灰河"。名字带有点土气，一如山里人的气质，但这才使这藏在深闺人未识的"奇胜"至今仍原汁原味。

▲ 图4-17 万峰林西峰林峰田合一

二、怪石嶙峋——岩溶景观之林

石林是由密集林立的锥柱状、锥状、塔状石灰岩柱组合成的景观，其间多

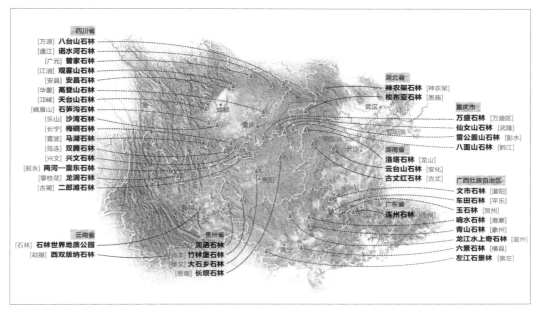

四川省
[万源] 八台山石林
[通江] 诺水河石林
[广元] 曾家石林
[江油] 观雾山石林
[安县] 安昌石林
[华蓥] 高登山石林
[邛崃] 天台山石林
[峨眉山] 石笋沟石林
[乐山] 沙湾石林
[长宁] 梅硐石林
[雷波] 马湖石林
[筠连] 双腾石林
[兴文] 兴文石林
[叙永] 两河—震东石林
[攀枝花] 龙洞石林
[古蔺] 二郎滩石林

云南省
[石林] 石林世界地质公园
[勐腊] 西双版纳石林

贵州省
[兴义] 泥凼石林
[息烽] 竹林堡石林
[修文] 大石乡石林
[思南] 长坝石林

湖北省
神农架石林 [神农架]
梭布亚石林 [恩施]

重庆市
万盛石林 [万盛区]
仙女山石林 [武隆]
雷公盖山石林 [彭水]
八面山石林 [黔江]

湖南省
洛塔石林 [龙山]
云台山石林 [安化]
古丈红石林 [古丈]

广东省
连州石林 [连州]

广西壮族自治区
文市石林 [灌阳]
车田石林 [平乐]
玉石林 [贺州]
响水石林 [鹿寨]
青山石林 [象州]
龙江水上奇石林 [宜州]
六景石林 [横县]
左江石景林 [崇左]

▲ 图4-18 中国石林分布示意图

为溶蚀裂隙，隙坡直立，坡壁上部有平行的溶沟。石林相对高度一般在20 m左右，高者可达50 m。简而言之，石林是无数石柱的集合形态。石林在中国南方八省（区、市）分布较多（图4-18），在中国东南零星分布，在中国北方基本不见，多呈现出在古剥蚀面顶部数个残留石柱，无法成林。石林以云南的路南石林最为典型，我们常说的石林就是指路南石林；贵州兴义泥凼石林也颇具特色；湖南的古丈红石林是全国仅有的红石林。

1. 云南石林

云南石林位于昆明市东，是世界罕见的风景名胜，是大自然鬼斧神工的杰作。在石林彝族自治县（1998 年更名）广达400 km²的区域内，遍布着上百个黑色大森林般的巨石群。有的独立成景，有的纵横交错，连成一片，占地数十亩到上百亩不等。只见奇石拔地而起，参差峥嵘，千姿百态，巧夺天工，被人们誉为"天下第一奇观"。石林的主要游览区李子箐石林，面积约12 km²，游览面积约$8×10^5$ m²。主要由石林湖、大石林、小石林和李子园等几部分组成，游路5 000多米，是石林景区内单体最大，也是最集中、最美的一处。

79

石林中奇石形状千奇百怪,有的酷似树木,有的则像飞禽走兽,还有的像刀、蘑菇、庙宇和山峦。在云南石林,许多石头都有自己的名字,如莲花峰、大叠水瀑布、狮子亭和凤凰灵仪等。石林中最矮的石柱约有一个人那么高,最高的可达30 m,相当于8层楼的高度。岩石之间有水池和过道,有些还有树和灌木。附近遍布着红色、粉红色和紫色的杜鹃花和山茶花。

乃古石林位于"石林"以北13 km处,也叫新石林或摩寨石林,占地约 3.3×10^6 m^2。与"石林"相比,这里又是

另外一种特色和风格。进入乃古石林,只见黑森森的一片怪石如大海怒涛冲天而起,气势磅礴,又像壁垒森严的古战场,令人思绪万千。若得春暖花开,黑森林与花海相映成趣。如图4-19所示。

2. 兴义泥凼石林

泥凼石林,为"金州十八景"之一,位于贵州兴义城南部,长达20 km,总面积约2 000 m^2。位于烟波浩渺的万峰湖畔,是万峰林中的一个盆景。石林区比较集中的有风坡弯、戴家坝、小寨等处。石林呈东北—西南走向的长条形,长15 km,宽1~3.2 km,面积6.7 km^2,为锥状和叶片状石林。石林单个石柱高10 m左右,高者达20余米。石峰、石柱、石牙、石笋,星罗棋布,独立成趣,或互衬为景。有的形同珍禽异兽,跳跃奔驰;有的形似人物,姿态各异;有的拔地而起,直冲天际。李家弯子溶洞壁上,石钟乳形成的石龙,与戴家坝的卧虎石,遥相对峙,民间有"石龙对石虎"的传说。

在泥凼石林,集中和散落型的石林与峰林交相辉映。其中的

图4-19 云南乃古石林花海

陇戛石林景观独特，它与著名的云南石林相比，有以下三个特点：一是林天透空，数万平方米集中成片的石林，酷似一座傲然挺立了亿万年的"石头城"；二是自然露面成林（图4-20），酷似一群婀娜多姿的"少女"；三是石林刚健、细条、片薄、穿孔多，造型奇特，错落有致。一石之上，有"宫殿"，有"门窗"，可谓一石多景，步移景迁。石林中有六座石峰，浑然组成"山川"两字，神形兼备，大有使古今书家退避三舍之势。"擎天柱""倚天剑""佛后石""蘑菇石"亭亭玉立，"顽猴望月""寿龟登天""群象争饮"栩栩如生；"将军出征""一夫当关"巍峨壮观；"姑嫂情深""醉翁踏月""采药老人"惟妙惟肖。还有"雾海云山""红日彩霞"和白马洞溶洞景观，美不胜收。

△ 图4-20 贵州泥凼石林自然成林

三、湖南的古丈红石林

古丈红石林位于湘西自治州古丈县茹通和断龙乡境内，距古丈县城26千米，与"芙蓉镇"永顺县对岸，正好处在张家界至凤凰这条旅游黄金走廊的中间位置，面积约三十平方千米。红石林是全球唯一在寒武纪（距今4.5亿年）形成的红色碳酸岩石林景区。这里的碳酸盐岩之所以呈红色，是沉积形成之初混合了相当比例的泥质。

古丈红石林有蜀犬吠日、乳燕待哺、蜗牛搬家、楼兰古城、七彩迷宫等等，另还有地下溶洞，绝壁天坑，千年古木等，整个景区融红、秀、峻、奇、绝、古于一身，堪称"武陵第一奇观"。在众多的奇观绝景之中，最以"巨人园""古城故宫""八封奇阵"和"诸葛藏书"等景色最佳。石林东部有一尊高12.26 m的石柱，巍然耸立，挺拔伟岸，其神态模样酷似领袖人物的雕像。神奇的是，再换一角度观之，又极似立于川上，抒发"逝者如斯夫"感叹的孔夫子。而位于另一旁的两尊高大石柱，恰如从容就义的巾帼女英雄和屈子行吟图，令人肃然起敬。因此，人们为这里的红石林

81

起了一个响亮动听的别名——巨人园。如图4-21所示。

古丈红石林的色彩还因天气而变，晴天望之，一片紫红，阵雨过后，顿成褐红，宛如一幅山水画，雨过天晴，无数石峰又魔幻一般从边缘由褐红变成紫红，此时颜色鲜艳，如工笔重彩，须臾之间，变化多端，令人惊叹。

四、峡谷奇观——岩溶景观之谷

峡谷是深度大于宽度谷坡陡峻的谷地，V形谷的一种。一般发育在构造运动抬升和谷坡由坚硬岩石组成的地段。当地壳抬升速度与河流下切作用协调时，易形成峡谷。

中国南方岩溶地区面积广阔，流量大、流速快的河流众多，为岩溶峡谷的发育提供了极佳的地质条件（图4-22）。从

图4-21 湘西古丈红石林

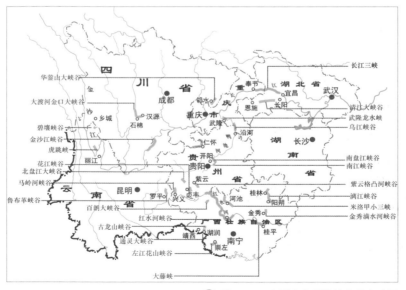

图4-22 中国南方岩溶峡谷分布略图

箱形峡谷到地缝式峡谷，从峰丛峡谷到复式峡谷，在切割深度、峡谷规模、壮阔气势等方面均居世界榜首，汇聚了世界岩溶峡谷的精华。中国北方河流在流经灰岩地区时也形成了可观的岩溶峡谷，以陕晋大峡谷最为突出。

1. 长江三峡

长江三峡位于中国的腹地，是瞿塘峡、巫峡和西陵峡三段峡谷的总称。它西起重庆市奉节县的白帝城，东迄湖北省宜昌市的南津关，跨奉节、巫山、巴东、秭归、宜昌五县市，长204 km，也就是常说的"大三峡"。除此之外还有大宁河的"小三峡"和马渡河的"小小三峡"。长江三峡两岸的碳酸盐岩地层或直立或斜卧，这里的山势雄奇险峻，江流奔腾湍急，峡区礁滩接踵，夹岸峰插云天，一般高出江面700～800 m左右。江面最狭处有100 m左右，是闻名遐迩的游览胜地，如图4-23所示。自古就有"瞿塘雄，巫峡

▲ 图4-23 雄伟壮观的长江三峡

83

秀，西陵险"的说法。长江三峡，地灵
人杰，是中国古文化的发源地之一：著
名的大溪文化，在历史的长河中闪耀着
奇光异彩；这里，孕育了中国伟大的爱
国诗人屈原和千古名女王昭君；青山碧
水，曾留下李白、白居易、刘禹锡、范
成大、欧阳修、苏轼、陆游等诗圣文豪
的足迹，留下了许多千古传颂的诗章；
大峡深谷，曾是三国古战场，是无数英
雄豪杰驰骋用武之地；这里还有许多著
名的名胜古迹，白帝城、黄陵庙、南津
关……它们同这里的山水风光交相辉
映，名扬四海。长江三峡是中国十大风
景名胜之一，中国40佳旅游景观之首。

　　2. 金沙江虎跳峡

　　位于金沙江上游的虎跳峡，距离
云南丽江纳西族自治县县城60 km。
峡谷全长18 km，分上虎跳、中虎跳、
下虎跳三段，道路迂回25 km，东面为
玉龙雪山，西面为迪庆的哈巴雪山，峡
谷垂直高差3 790 m，是世界上最深的
峡谷之一。江流最窄处，仅约30余米，
相传猛虎下山，在江中的礁石上稍一落
脚，便可腾空越过，故称虎跳峡。峡内
礁石林立，有险滩21处，高达10几米的
跌坎7处，瀑布10条，如图4-24所示。

▲ 图4-24　金沙江虎跳峡之险

——地学知识窗——

中国西藏雅鲁藏布大峡谷

中国西藏雅鲁藏布大峡谷是地球上最深的峡谷。雅鲁藏布大峡谷位于雅鲁藏布江下游南迦巴瓦峰，在这里形成世界上最为奇特的马蹄形大拐弯，不仅在地貌景观上异常奇特，而且成为世界上具有独特水汽通道作用的大峡谷，并造就了青藏高原东南部奇特的森林生态景观。它抱拥的山岭最高达海拔7 782 m，而最深处的谷地深达5 000 m，大峡谷核心无人区河段的峡谷河床上有罕见的四处大瀑布群，其中一些主体瀑布落差都在30～50 m。峡谷具有从高山冰雪带到低河谷热带雨林等9个垂直自然带，汇集了多种生物资源，包括青藏高原已知高等植物种类的2/3，已知哺乳动物的1/2，已知昆虫的4/5，以及中国已知大型真菌的3/5。雅鲁藏布大峡谷不仅以其深度、宽度名列世界峡谷之首，峰与拐弯峡谷的组合，在世界峡谷河流发育史上十分罕见，这本身就是一种自然奇观。

3. 大渡河大峡谷

大渡河金口大峡谷全长约26 km，整个峡谷地跨四川省雅安市汉源县、凉山州甘洛县、乐山市金口河区。无论从峡谷上端还是下端进入，虽然两岸本已是山峦起伏，但逼近峡口时，却明显有一种异样的气势。在峡谷上口左岸，有一个突出的崖台——苏古坪，在峡口形成一个天然的石门，使峡谷至此骤然收窄，远望峡口内的云雾与峭壁，更显得深邃莫测；在峡谷下口的大沙坝附近，正当大渡河的陡然转弯处，眺望峡口，高差达一千多米的悬崖与尖峭的山峰迎面耸立，似乎河谷中断、江流无路，令人森然，如图4-25所示。

▲图4-25 大渡河大峡谷

4. 黄河晋陕大峡谷

黄河内蒙古河口镇至山西禹门口，构成了黄河干流上最长的连续峡谷——晋陕大峡谷（图4-26），它长达725 km，沿线共有27个县市，面积达11.16万平方千米。在河套地区呈东西走向的黄河，此段急转为南北走向，由鄂尔多斯高原挟势南下，左带吕梁，右襟陕北，深切于黄土高原之中，谷深皆在100 m以上，谷底高程由1 000 m逐渐降至400 m以下，河床最窄处如壶口者，仅30～50 m。

另外，如北盘江大峡谷集峰林、溶洞、怪石、瀑布、伏流、花滩、旋塘和原始森林于一体，秀丽险峻，雄奇壮美。

武隆龙水峡、奉节天坑地缝以深而窄闻名于世，是嶂谷型峡谷的代表。

贵州兴义马岭河峡谷有"天下第一缝"之称，是中国瀑布最多的峡谷，从马岭古桥到天星桥9.7 km段有56条瀑布，终年长泻不歇的36条。如图4-27所示。

▲ 图4-26　黄河晋陕大峡谷

▲ 图4-27　天下第一缝—兴义马岭河峡谷及瀑布群

五、惊天洞地——岩溶景观之洞

中国溶洞数量众多，有山就有洞，其总数不可统计，得到开发的数以万计。除前述的我国最长的双河洞、最深的汽坑洞和最美的芙蓉洞外，旅游开发较好、为人熟知的岩溶洞穴，在全国有四百余个。图4-28所示是中国南方岩溶地区主要旅游洞穴分布示意图。

1. 织金洞

织金洞原名打鸡洞，位于贵州省织金县城东北23 km处的官寨乡，距省城贵阳120 km，是我国著名的特大型溶洞。1980年4月，织金县人民政府组织的旅游资源勘察队发现此洞。它是一个多层次、多类型的溶洞，洞长6.6 km，最宽处175 m，相对高差150多米，全洞容积达500万立方米，空间宽阔，有上、中、下三层，洞内有40多种岩溶堆积物，包括了世界溶洞中主要的堆积物形态类别，有"岩溶博物馆"之称，如图4-29所示。洞外有地面岩溶、峡谷、溪流、瀑布等自然景观与布依、苗、彝族村寨。

织金洞地处乌江源流之一的六冲河南岸，属于高位旱溶洞。被誉为"岩溶瑰宝"、"溶洞奇观"。织金洞之所以被人们称为"溶洞之王"，在于它在世界溶洞中具有多项世界之最。如整个洞已开发部分就达35万平方米；洞内堆积物的多品

▲ 图4-28　中国南方岩溶地区主要旅游洞穴分布示意图

图4-29　岩溶博物馆—织金洞

类、高品位为世间少有；洞厅的最高、最宽跨度属于至极；神奇的银雨树，精巧的卷曲石举世罕见。最大的景物是金塔宫内的塔林世界，在1.6万平方米的洞厅内，耸立着100多座金塔银塔，而且隔成11个厅堂。金塔银塔之间，石笋、石藤、石幔、石帏、钟旗、石鼓、石柱遍布，与塔群遥相呼应。

中国作家协会副会长冯牧有诗曰："黄山归来不看岳，织金洞外无洞天。琅嬛胜地瑶池境，始信天宫在人间"，被认为是溶洞之绝唱。

2. 雪玉洞

雪玉洞位于鬼城丰都的长江对岸，龙河峡谷险峻陡峭的岩壁之上，是目前国内已开发的洞穴中最年轻的溶洞，观赏价值和科考价值极高。洞内80%的钟乳石都"洁白如雪，质纯似玉"，故被命名为"雪玉洞"。

雪玉洞是重庆市著名的溶洞型景区，占地$1.5 \times 10^7 \, m^2$，景区内的珍稀动物（猕猴、野猪、红腹锦鸡等）与成群溶洞、蜿蜒河流、飞泻瀑布、凌空峭壁、悬棺等景点和谐一体，周围地区更拥有悠久的土家风俗，形成了独特的龙河文化。雪玉洞是龙河旅游景区溶洞群中的精品，全长1 644 m，现已开发游览线路1 166 m，上下共三层，分为六大游览区：群英荟萃、天上人间、步步登高、北国风光、琼楼玉宇、前程似锦。

雪玉洞是世界罕见的洁白如雪的溶洞，如"冰雪世界"；是世界罕见的正在快速成长的洞穴"妙龄少女"；有大量鬼斧神工的鹅管、妩媚动人的钟乳石、仰首待哺的石笋、精美绝伦的石柱、薄透如纸的石旗、迎风招展的石带、气势恢宏的石幕、凌空高悬的石幔、从天而泻的石瀑布、繁星灿烂的流石坝、不可思议的石毛发、千姿百态的卷曲石、还有洞壁溶蚀后形成的众多妙趣横生的鸟兽鱼虫，还有那堪称世界第一的石盾和塔珊瑚花群等等。

雪玉洞除了三个"世界罕见"以外，水和气也是一绝。洞中的水，特别清澈、特别纯净、特别甜美、特别富有诗情画意。据测定，洞内空气中二氧化碳含量很高，常年温度16～17℃，具有医学疗养价值。

雪玉洞集四个世界之最于洞中（图4-30）：

（1）"雪玉企鹅"这一酷似企鹅的大地盾，由碳酸盐岩构成。它高达4 m多，是目前世界上所有洞穴中的石盾之王，举世罕见。地盾是与地面垂直生长的，故难以形成下垂的盾坠，这是与壁盾的重要区别。

雪玉企鹅

雪玉塔珊瑚

雪玉鹅管林

雪玉石旗之王

▲ 图4-30　雪玉洞四宝

（2）"沙场秋点兵"是世界上规模最大，数量最多的塔珊瑚花群。其名来源于南宋大词人辛弃疾写给杜甫的一首"壮词"。

（3）"鹅管林"重重叠叠，倒挂空中。它的科学名称叫"鹅管"，是由重力水从洞顶往下滴而形成的，因其色白，呈鹅毛管状而得此名。此处的鹅管密度居世界之最。

（4）"石旗之王"是面巨大的石旗，它是洞内连续性水流的作用在洞壁和洞顶上形成的薄而透明的碳酸钙沉积物，它垂吊高度约为8 m，为世界之最，形成的时间约5万年。它薄如蝉翼，晶莹剔透，巧夺天工，让世人注目仰拜。

3.巴马水晶洞

巴马水晶洞位于广西巴马县那社乡大洛村牛洞屯，距县城约43 km，交通十分便利。洞内为廊道状的中型洞穴，总长度1 000多米，宽8～50 m，高10～80 m。溶洞内的钟乳石约有30万年历史，现仍处于生长和发育期，其中的卷曲石、鹅管石的形态、密度、规模、发育程度都是国内外罕见的地质奇观。如图4-31所示。

▲ 图4-31　巴马水晶洞

4. 腾龙洞

腾龙洞位于湖北利川市，距城区6 km。洞穴公园总面积69 km²，其西南起于腾龙洞洞口，与明岩峡峡谷景区相连；西北抵于黑洞洞口，与雪照河峡谷景区相通，总体上呈由西南向东北方向展布，是一个沿清江河谷延伸的狭长景区。区内海拔均在1 000 m以上。现已开发的主要景区有二：一为腾龙洞旱洞景区；一为落水洞水洞景区。二景区集山、水、洞、林、石、峡于一体，溶雄、险、奇、幽、秀于一炉，声誉远播，遐迩闻名。

腾龙洞旱洞全长59.8 km，洞口高74 m，洞内最高处235 m，宽64 m，为亚洲第一大旱洞；水洞则吸尽了清江水，更形成了23 m高的瀑布，清江水至此变成长16.8 km的地下暗流。神奇的是，水旱两洞仅一壁之隔，在2008年的地震中，遭到不同程度的损坏，正在修复中。

腾龙洞景区由水洞、旱洞、鲤鱼洞、凉风洞、独家寨及三个龙门、化仙坑等景区组成，整个洞穴系统十分庞大复杂，容积总量居世界第一，是中国旅游洞穴的极品，

2005年10月被《中国国家地理》杂志评为"中国最美的地方"。腾龙洞以其雄、险、奇、幽、绝的独特魅力驰名中外。

洞中有5座山峰，10个大厅，地下瀑布10余处，洞中有山，山中有洞，水洞旱洞相连，主洞支洞互通，且无毒气，无蛇蝎，无污染，洞内终年恒温14~18℃，空气流畅。洞中景观千姿百态，神秘莫测。洞外风光山清水秀，水洞口的卧龙吞江瀑布落差23 m，吼声如雷，气势磅礴，如图4-32所示。

▲ 图4-32 湖北腾龙洞洞口卧龙吞江瀑布

5. 本溪水洞

本溪水洞位于辽宁省本溪市东北35 km处，是数百万年前形成的大型石灰岩充水溶洞。水洞全长5 800 m，现已开发2 800 m，面积3.6万平方米，空间40余万立方米，最开阔处高38 m，宽70 m。大厅正面有1 000多平方米的水面，有码头可同时停泊游船40艘。泛舟则可畅游水洞，欣赏水洞之大、水洞之长、水洞之深、飞瀑之美，令人惊叹："钟乳奇峰景万千，轻舟碧水诗画间，钟秀只应仙界有，人间独此一洞天。"水流终年不竭，每昼夜流量1.4万吨，平均水深1.5 m，最深处7 m，洞内恒温12℃。

洞内分"三峡""七宫""九弯"，故名"九曲银河"。钟乳石、石笋与石柱多从裂隙攒拥而出，不假雕饰即形成各种物象。从码头乘游艇向里行，可依次欣赏飞泉迎客、宝瓶口、海潮、宝莲灯、群猴、福寿双星、玉米塔、宝鼎、仙丹石、龙角岩、剑群、麒麟岩、瀑布、独角犀、春笋、垂幕、三塔、斜塔、玉象、倚天长剑、孔雀岩、雪山等奇景。它们惟妙惟肖，形象逼真。特别是玉米塔、玉象和雪山三景，更是名实相符，几可乱真。银河两岸钟乳林立，石笋如画，千姿百态，光怪陆离，洞顶空窿钟乳高悬，晶莹斑斓，神趣盎然，沿河景点达100余处，千姿百态，各具特色，泛舟其中，如临仙境，这是水与石浑然天成的神秘洞穴，是迄今世界上已发现的最长可乘船游览的地下暗河。如图4-33所示。

旱洞长300 m，现利用旱洞独特的资源，经人工改造成为古生物宫，采用先进

▲ 图4-33　本溪水洞"银河"及洞内滴水莲花

的声、光、电技术，再现了古生物进化演变过程，集游览和科普教育于一体。

6. 芦笛岩

芦笛岩位于桂林市西北郊，距市中心5公里，是一个以游览岩洞为主、观赏山水田园风光为辅的风景名胜区。

芦笛岩洞深240 m，游程500 m。洞内有大量绮丽多姿、玲珑剔透的石笋、石乳、石柱、石幔、石花，琳琅满目，组成了狮岭朝霞、红罗宝帐、盘龙宝塔、原始森林、水晶宫、花果山等景观，令游客目不暇接，如入仙境，被誉为"大自然的艺术之宫"。芦笛岩不仅拥有秀丽的景色，还拥有深厚的文化底蕴。从唐代起，历代都有游人踪迹，岩洞内共发现古代壁书一百七十则，不少是文人、僧侣和游览者的题名、题诗，作者来自全国各地，题材以游览记事为主。如图4-34所示。

芦笛岩年接待游客量居世界岩溶景区之首，开放以来已接待过四千多万游客，有众多党和国家领导人、外国首脑及政要参观过芦笛岩，其中有邓小平、李鹏、朱镕基、李瑞环、胡锦涛、吴邦国、罗干等领导人，美国前总统尼克松、卡特、德国前总统理查德·冯·魏茨泽克、前联合国秘书长德奎利亚尔、加拿大前总理特鲁多、奥地利联邦议会前议长哈塞尔巴赫博士等180多位外国首脑及政要，他们在参观后被这人间奇景所倾倒，都对景区高度赞誉，由此芦笛岩也被称为"国宾洞"。尼克松夫人称赞岩洞"奇特壮观，就像宫殿一样"。奥地利联邦议会前议长哈塞尔巴赫博士夫人在给芦笛岩的留言中写道："这简直是一个童话世界，非常感谢这令人难忘的经历"。

▲ 图4-34 广西芦笛岩洞内奇观

六、银帘飞挂——岩溶景观之瀑

瀑布在地质学上叫跌水，即河水在流经断层、凹陷等地区时垂直地从高空跌落。在河流的时段内，瀑布是一种暂时性

的特征，它最终会消失。瀑布有多种类型和形态（**表4-2**），瀑布也是岩溶地区常见的景观，尤其在我国南方，瀑布、峡谷与洞穴相生相伴。

表4-2 瀑布分类方法及类型

划分方法	瀑布类型
瀑布水流的高宽比例	垂帘型瀑布、细长型瀑布
瀑布岩壁的倾斜角度	悬空型瀑布、垂直型瀑布、倾斜型瀑布
有无跌水潭	有瀑潭型瀑布、无瀑潭型瀑布
水流与地层倾斜方向	逆斜型瀑布、水平型瀑布、顺斜型瀑布、无理型瀑布
瀑布所在地形地貌	名山瀑布、岩溶瀑布、火山瀑布、高原瀑布

1. 贵州黄果树瀑布

黄果树瀑布位于贵州省安顺市镇宁布依族苗族自治县境内，打邦河流域白水河上游，安顺市西南45 km处。其东北距贵阳市150 km，是贵州第一胜景，中国第一大瀑布，也是世界最阔大壮观的瀑布之一。黄果树大瀑布的实际高度为77.8 m，其中主瀑高67 m；瀑布宽101 m，其中主瀑顶宽83.3 m。瀑布后有一长达134 m的水帘洞拦腰横穿瀑布而过。水帘洞由六个洞窗、五个洞厅、三股洞泉和六个通道所组成。从水帘洞内观看大瀑布，令人惊心动魄。这样壮观的瀑布下的水帘洞，在世界各地瀑布中也是罕见的。黄果树大瀑布是世界上唯一可以从上、下、前、后、左、右六个方位观赏的瀑布，也是世界上

有水帘洞自然贯通且能从洞内外听、观、摸的瀑布，如图4-35所示。

△ 图4-35 贵州黄果树瀑布

2. 九寨沟瀑布

众多的海子（湖泊）和连接这些海子的瀑布群，是九寨沟风景中最富有魅力的奇丽景观。九寨沟之海子瀑布，碧绿浅蓝，天然雕饰，被誉为最洁净的瀑布群。瀑布从长满树木的悬崖或滩上悄悄流出，往往被分成无数股细小的水流，或轻盈缓慢，或急流直泻，千姿百态，妙不可言，加上四周群山叠嶂，满目青翠，至金秋时节，层林尽染，瀑布之景就更为神奇秀丽了，如图4-36所示。

九寨沟瀑布群，主要有诺日朗瀑布、树正瀑布和珍珠滩瀑布组成，此外还有若树正群海间的梯瀑群等无数小瀑布。在九寨沟里，沿着水流步行是一种无比美妙的享受。从箭竹海、熊猫海、五花海、孔雀河到珍珠滩，从皑皑的积雪到淙淙的溪水，从纷乱的瀑布到静守的湖泊，无论多么清纯的溪流走的也是如大江大河一样坎坷的生命之路，水的幸运和悲壮都裸露

▲ 图4-36　四川九寨沟的瀑布群

在大地。

3. 云南罗平九龙瀑布群

罗平九龙瀑布群位于罗平县城东北22 km的九龙河上，特殊的地质构造和水流的千年侵蚀，在此形成了十级高低宽窄不等，形态各异的瀑布群。九龙瀑布以其幅宽、级多、差大、层层叠叠，自成一绝，给人以天河泻落的感受，被《中国国

家地理》"选美中国"活动评选为"中国最美的六大瀑布"的第四名。

九龙大瀑布最底层是碧日滩，清澄平静。滩下有河心小岛，将水分成三股，形成三个宽窄不等，高约2 m的小叠水，这是九龙十瀑中的第一瀑。此瀑细柔若丝，仿佛一根根丝线在随风飘舞。河心岛上芦苇丛生，时有鱼群弄瀑戏水，景致十分迷人。由此拾级而上，是一座钙华天生桥，潺潺细流从桥两侧流入潭内，与桥下的叠水汇成一月牙形钙华滩，此潭名月牙湖。再往上，则呈现出十几个约2～6 m宽的浅滩，呈扇形均匀地散开，水花翻滚，波光闪烁，这是"戏水滩"。顺戏水滩上行，涉过4个高低不一的钙华叠水，是十瀑中最为壮观的以堵勒大瀑布，它便是声名远播的"九龙第一瀑"。此瀑布高56 m，宽114 m，瀑面呈弧形，瀑后有一个深约10 m的水帘洞，瀑下是深不可测的半圆形脚潭，如图4-37所示。

九龙瀑布是九龙河上最具盛名的大瀑布群，当地布依族群众一向称之为"大叠水"。大小十级瀑布，或雄伟，或险峻，或秀美，或舒缓，无与伦比，美不胜收。

▲ 图4-37　罗平九龙瀑布群

七、生生不息——中国岩溶之泉

泉有两种含义：一是含水层或含水通道与地面相交处产生地下水涌出地表的现象，多分布于山谷和山麓，是地下水的一种重要排泄方式；二是地下水的天然露头。

石灰岩地区地下岩溶发育，因此地下水丰富，岩溶泉相应的也就多。在中国的北方地区，气候干旱，泉水不仅仅是一处风景，往往是河流的源头，滋润大地，成为生命之源。

1. 天下第一泉——趵突泉

趵突泉位于济南市中心趵突泉公园

内，居72泉之首，又名槛泉，古称泺，为古泺水的发源地。泉水从地下岩缝中涌出，三窟并发，浪花四溅，声若隐雷，势如鼎沸。北魏郦道元《水经注》中形容为"泉源上奋，水涌若轮"。宋代文学家曾巩任齐州知州时，在泉边建了泺源堂，并赋予泺水"趵突泉"的名称。"趵突"，即跳跃奔突之意，反映了趵突泉三股泉迸发、喷涌不息的特点，不仅字面古雅，而且音义兼顾，仿佛眼前就有泉水喷涌跳跃、突突有声，如图4-38所示。

趵突泉泉水自三个泉眼喷涌而出汇水成潭。三股水流喷出潭面，如玉盘堆雪，声若隐雷，昼夜喷涌，最高时能喷出一米以上，最大日涌水量可达24万立方米。为什么会有三股泉水呢？经地质勘查，趵突泉地下0～8 m处为沙砾、土层，8～80 m为石灰岩、大理岩，8～30 m之间岩溶裂隙、溶洞特别多，最大的溶洞有1 m多高，这些裂隙、溶洞成了地下水集中和上升的通道。上升的地下水流，从相距2.3 m的两个洞隙中源源不绝地蹿出地面，形成趵突泉的南泉和北泉，北泉的洞隙又分成两支，泉水在距北泉

▲ 图4-38　趵突腾空

0.3 m处涌出，形成中泉，这就是趵突泉三股泉水的形成原因。这三个泉眼，都已经用钢管进行了加工和整饰，出水泉口标高26.49 m。

泉水温度终年保持在18℃左右，严冬时节水面上水汽袅袅，像一层薄薄的烟雾，好似云蒸雾润，如图4-39所示。清代文学家蒲松龄形容趵突泉是"海内之名泉第一，齐门之胜地无双"。

趵突泉水质清洌甘醇，含菌量极低，是理想的天然饮用水，可直接饮用，也是沏茶佳品。据说，清代乾隆皇帝南巡时，一路携带北京玉泉水饮用，到山东济南后就改饮趵突泉水了。

2. 中泠泉

中泠泉也叫中濡泉、中零泉，位于

——地学知识窗——

喊泉和含羞泉

都是一种间歇泉，泉水时断时续，时有时无，并不是由于人的声音而出现，即使没有喊声，它也会出现。

这类泉一般都是在一些岩洞特殊的地质结构中，地下水不断注入岩洞中，形成储水池，受地下水表面张力作用，池中水平面高出岩洞边缘，达到一定程度后，高出的水体就会溢出，形成间歇泉。受声波震动影响，提前打破平衡状态溢出，仿佛是被"喊"出来一般，形成喊泉；如果流出来的泉水还有其他的排泄渠道，在其间歇期内，水从这些渠道流走，就像是被"吸"回去一般，形成含羞泉。

◁ 图4-39　云蒸雾润

江苏镇江金山寺外。唐宋时，金山还是一座小岛，中泠泉也在波涛滚滚的江水之中，是名副其实的"扬子江心第一泉"，清咸丰、同治年间，由于江沙堆积，金山与南岸陆地相连，中泠泉也随之"登陆"。据《金山志》记载："中泠泉在金山之西，石弹山下，当波涛最险处。"苏轼有诗云："中泠南畔石盘陀，古来出没随涛波。"也证实中泠泉确实位于长江之下，江水自西向东，经石牌山和鹘（gǔ）山二山，分为南、中、北三泠，以中泠泉水最多，故以"中泠泉"统称之（图4-40）。由于长江水深流急，汲取不易，据传当时汲水时须在规定的子、午二时辰，取水的用具也很特殊，铜瓶或铜葫芦，绳子也有一定长度，垂入泉眼中，在水中打开瓶盖，才能获得真正的泉

地学知识窗

潮汐泉

岩溶管道呈虹吸管状，使岩溶水被虹吸排出管道外而成泉。此种虹吸泉有的有一定的出现周期，这是由于虹吸水流作用是快速的，随着管道中水流大量而快速地排出，导致水位快速下降，从而使管道一时失去虹吸作用；经过一段时间的岩溶水补充后，水位再次上升，使管道又恢复虹吸作用，所以虹吸泉又称为潮汐泉或多潮泉。

水。南宋爱国诗人陆游曾到此，留下了"铜瓶愁汲中濡水，不见茶山九十翁"的诗句。用此泉沏茶，清香甘洌，相传有"盈杯之溢"之说，贮泉水于杯中，水虽高出杯口二三分都不溢，水面放上一枚硬币，不见沉底。

前期中泠泉虽位于长江之中，但泉水却不是长江水，而是从江底石灰岩断裂深处涌出，是上升泉中的断层泉。

▲ 图4-40　中泠泉

3. 娘子关泉

娘子关泉位于山西平定娘子关镇，是由32个泉眼组成的泉群，属侵蚀构造下降泉，泉群多年平均流量在12.04 m^3/s，每天出水量约为104万m^3，是中国北方最大的泉水。泉群中11个主要的泉口为：坡底泉、程家泉、坡西泉、五龙泉、石板磨泉、滚泉、河北村泉、桥墩泉、禁区泉、水帘洞泉和苇泽关泉，其中水量最大、最为壮观的泉当属水帘洞泉（图4-41）。水帘洞泉泉眼高出地面达30 m，日出水量达24万m^3，泉水凌空而下，散落成千万条玉线，形成一挂宽65 m的飞瀑，明朝曾有诗云"娘子关头水拍天，老君洞口赤露悬。惊雷激浪三千丈，洞里仙人不得眠。"

娘子关泉群泉域面积大，为3 800 km^2，含水层为奥陶纪石灰岩，得益于广阔的补给面积和良好的含水条件，娘子关泉群出水量较为稳定，但近年来，随着地下水位下降，泉群出水量明显减少。

我国其他岩溶大泉还有不少，如太原晋祠泉、临汾龙子祠泉、黄河边的天桥泉、玉泉山泉、朔县神头泉等；北京地区的黑龙潭泉、玉泉山泉、小汤山温泉等。

▲ 图4-41 娘子关水帘洞泉

中国岩溶研究

有关岩溶的研究，我国古代早就有文字记载。早在公元前1542年，商代"纣克东夷"的甲骨文中就有"泺"的记载，泺即济南的趵突泉，是中国记载最久远的岩溶大泉。成书于公元前770年至公元前221年的《山海经·山经》中揭示了于冬春旱季消落，夏季多雨时涌出的地下河流的变化现象，并探讨了山西晋祠泉的形成问题。袁山松的《宜都山记》，就提到地表溪流起源于地下洞穴清泉的情况。

有关岩溶洞穴方面的文字记载众多，《山海经》《楚辞》《庄子》等古籍中均提到了岩溶洞穴。西汉时期成书的我国第一部药物学专著《神农本草经》中，已正式提及石钟乳，并对其成因进行了研究；还提到"石花""石床""石脑"等名称，对洞穴中钙华沉积物进行了分类。汉代的司马迁探测过洞穴，三国时孙权派

人探测过太湖地区的洞穴。在吴人顾启期的《娄地记》中，较详细地记述了洞穴水流及钙华等沉积现象，提出了"鹅管"的名称及其成因。

晋张勃的《吴录·地理志》记载了广西始安（今桂林）的许多岩溶洞穴，堪称洞穴方面的专著。隋代虞世南的《北塘书钞·穴篇》就是关于洞穴方面参考价值极高的一个文献汇编。唐苏恭在《唐本草》中进一步阐明了石钟乳和石笋的成因及石钟乳和石笋相连形成石柱的机理。宋代沈括在《梦溪笔谈》中深入探讨了岩缝渗滴水形成石钟乳，毛细和蒸发作用形成"石花""石珠（阴精石）"的原理。

北魏郦道元著的《水经注》，论述了包括长江三峡、漓江等中国南北方岩溶地区的水系及河段。与他同时期的郑辑之在《东阳记》中探讨了石芽、石林等岩溶地貌现象及钙华梯田的形成。宋

代范成大的《太湖石志》是一本关于岩溶的专著，较深入地论述了太湖石等岩溶现象与地貌的成因。范成大还在他的著作《桂海虞衡志》和《吴郡志》中论述了广西桂林及江浙一带的岩溶地貌。

谈到我国古代学者对岩溶研究的贡献，不能不提到明代的徐霞客。徐霞客是我国古代著名的地理学家、旅行家，在30多年的旅行生涯中，他的足迹遍及19个省、市、自治区（图4-42），考察并以日记的形式记载了我国山川、河流、地形、地貌、岩溶洞穴、温泉、矿产及

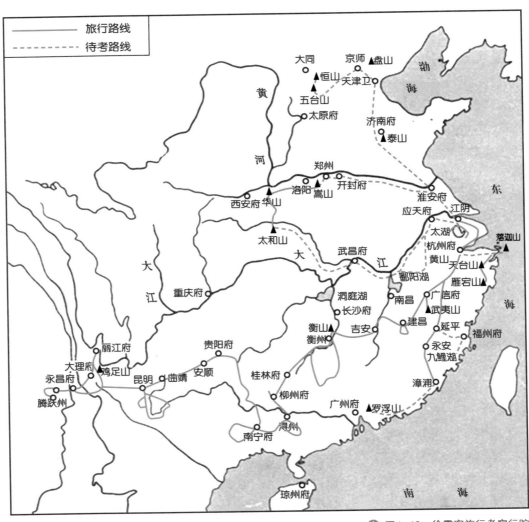

▲ 图4-42 徐霞客旅行考察行踪

动植物生态等诸多方面的详情。其中岩溶地区的地貌景观、洞穴及河流等方面的记载尤为重要。他对一百多个岩溶洞穴进行了命名，还对岩溶地貌景观进行了详细分类，且有了组合类型的描述。他死后，季会明根据他的记载，整理成《徐霞客游记》，成为研究价值很高的一部地理著作，对研究我国古代的岩溶现象迄今仍有重要的参考价值。

中国古典园林中常用的园林石，多为太湖石。太湖石又名窟窿石、假山石，因盛产于太湖地区而古今闻名。太湖石就是具有溶蚀痕迹、形态奇特的石灰石。

因形状奇特峻峭，符合中国园林"皱、漏、瘦、透"之审美标准，自古以来深受造园家的青睐，可单独摆设，或叠为假山，适宜布置公园、草坪、校园、庭院等，具有很高的观赏价值。

中国对岩溶的研究已有4 000多年的历史，并达到很高水平，直到十七世纪中叶，我国对岩溶的研究和开发都居世界的前列。时至今日，我国岩溶研究进入持续深入及创新研究阶段，取得了良好的社会效益和经济效益，扩大了国际影响，同时也奠定了"中国岩溶研究的国际领导地位"。

——地学知识窗——

徐 霞 客

徐霞客（1587—1641），名弘祖，字振之，号霞客，汉族，明朝南直隶江阴（今江苏江阴市）人，是我国也是世界上最早对石灰岩地貌进行系统考察的地理学家。欧洲人中，最早对石灰岩地貌进行广泛考察和描述的是爱士培尔，时间是1774年；最早对石灰岩地貌进行系统分类的是罗曼，时间是1858年，都比徐霞客晚一二百年以上。

徐霞客在地理学上，特别是喀斯特科学上的贡献，丁文江、翁文灏、任美锷、陈述彭、侯仁之、朱德浩、曾昭璇等地学大家都有很高的评价，称徐霞客是我国乃至世界石山学和洞穴学科的创建之父。

Part 5 山东岩溶扫描

　　山东是我国北方岩溶发育的典型地区之一。山东处于中纬度带，气候属于半湿润季风气候区，雨季和夏季同时出现，有利于岩溶的发育。山东的可溶岩——碳酸盐岩缺少连续沉积，多为可溶岩与不可溶岩组合出现。可溶岩也是石灰岩与白云岩组合出现，造成了山东省岩溶发育过程中临时岩溶基准面较多，使得山东岩溶发育的规模受到限制。

山东岩溶分布及类型

山东可溶岩——碳酸盐岩主要分布在鲁中南山区，面积约为 22 321 km²，裸露区面积10 975 km²，被松散土层或不可溶岩石覆盖区面积 11 346 km²。行政区划包括济南、淄博、潍坊、临沂、莱芜、泰安、济宁、枣庄等地市。

山东可溶岩主要为形成于距今3亿~5亿年间的古生代碳酸盐岩，岩性多为灰岩和白云岩，单层厚度可达到几十米至几百米，具备岩溶发育的物质基础。由于碳酸盐岩缺少连续沉积，岩溶发育过程中临时岩溶基准面较多，多地分布残存的岩溶剥蚀面，可见残存的石柱、溶峰等南方常见的岩溶景观。山东省大型溶洞多发育在以灰岩为主的可溶岩地层中，一是其厚度能够满足溶洞发育；二是岩层下部多为不可溶岩，有利于地下水顺层流动。

山东省岩溶类型按气候，属于温带半湿润岩溶，按溶蚀特征主要属于溶蚀–侵蚀类型的低山河谷型。

低山河谷型是山东省主要的岩溶类型，以泰鲁沂山地为中心南北均有发育。岩溶现象主要有岩溶山体、残存的古剥蚀面、岩溶谷地、溶洞及岩溶大泉。

山东岩溶景观

山东岩溶景观虽不如南方岩溶那样壮美，但也独具特色。崮岱地貌是山东独有的岩溶景观，济南泉水也是名满天下。山东的溶洞规模虽不大，但洞内的秀美也毫不逊色。

一、地表岩溶

山东的石灰岩山地不具有南方峰林、石林的典型形态，但受到构造抬升、侵蚀切割以及山体岩层构成等因素影响，往往显现出独特的地域特征，极具观赏价值。

鲁中南地区有许多被称为"崮"的山体，远远望去，像是每个山顶被扣了一顶平顶帽子，这实际上是一种石灰岩方山形态。突出的"崮"为平缓的厚层灰岩，不容易风化，其下部为容易风化的砂页岩。崮顶平坦，面积小者数亩、大者上百亩；顶面以下为峭壁悬崖所围限，山体下部呈缓坡。此类山体多发育在山地的近边缘部

——地学知识窗——

岱崮地貌

岱崮地貌是指以岱崮为代表的山峰顶部平展开阔如平原，峰巅周围峭壁如刀削，峭壁以下是逐渐平缓山坡的地貌景观，在地貌学上属于地貌形态中的桌形山或方形山，因而也被称为"方山地貌"。"崮"是山东独有的称呼，中国地理学会依据山东省临沂市蒙阴县岱崮镇全国最集中的崮形地貌现象，将原称"方山地貌"正式更名为"岱崮地貌"。中国北方其他地方也有零星出现，但地貌特征不明显。

"岱崮地貌"是继"丹霞地貌""张家界地貌""嶂石岩地貌""雅丹地貌"之后为我国科学家最新命名的新的世界岩石地貌类型。

位。在鲁中南山地中、南部的沂源、蒙阴、平邑、沂南、费县、苍山及枣庄地区较集中，形成了风景壮美的沂蒙崮群。据

粗略统计，崮型山数量有100多座，著名的如枣庄的抱犊崮（图5-1）、长清张夏镇的馒头山等。

▲ 图5-1　枣庄的抱犊崮

1.灰岩残丘

鲁中南山地西部、西南部及南部外缘的溶蚀–剥蚀平原上，散布着一些低矮残丘，由灰岩构成，海拔200 m以下，相对高度百米左右，呈和缓丘峰状，其上也有一些长度百米左右的溶洞（如长100多米的梁山凤凰山洞和嘉祥青山洞）。尽管仅就其形态看这些残丘平淡无奇，但因其突凸于单调的平原之上，加之山上林木葱

郁，其意境大大提高。

此外，许多山丘上有众多寺庙殿宇古迹，有些还和著名的历史人物及历史事迹密切相连，因此具有很高的开发利用价值，典型的如水泊梁山景区的梁山、凤凰山、龟山，有"小岱峰"之称的东平湖畔的腊山，保存有北宋"青山寺"和明代"曾子庙"的嘉祥县青山和南武山。

2.岩溶山谷

处在石灰岩侵蚀切割强烈的低山区中部的谷地，多呈峡谷或嶂谷形态，由于含多层不可溶岩，这些山谷多泉水和飞瀑，加之地形复杂、植被丰茂、人迹罕至，多开发成旅游休闲场所。如济南佛峪、青州黄花溪（图5-2）、长清张夏镇的小娄峪、肥城市的陶山、平邑县的天宝大峪沟、临朐县的石门坊等。

石灰岩山地中的河流多表现为"漏谷"特征，岩溶大泉往往成为河流的源头。上游水量充沛，流经某段时，突然水流漏失，成了干谷。例如济南南部山区河流，就有多处渗漏段；淄河河段也渗漏严重，号称"淄河十八漏"。

▲ 图5-2　（左）青州黄花溪（右）济南佛峪

3.古剥蚀面

地质历史上的新近世（距今258万～3 000万年），山东的古气候较之现代湿热，十分有利于岩溶发育，当时广泛形成的岩溶地面经过后来长期的构造抬升和侵蚀破坏，现仅在一些山顶台面之上残存，称之为古岩溶剥蚀面。在山东，这种剥蚀面目前所知有七处：青州的仰天槽、皇姑顶、黄花顶、淄博的大寨顶、莱芜与淄博交界处的平州顶、沂源的唐家寨、章丘的锦屏山。

这些剥蚀面的分布及形态有相似的特征：

（1）都处于海拔500～800 m的山顶之上，与谷底相对高差250～400 m左右；

（2）所在的地区山势陡峭、沟壑纵

横,而山顶台面之上则别有一番景象,呈现为一种周围环以低缓丘峰、内部地势舒缓的溶蚀洼地形态,溶洼面积都不大,最大的平州顶为2 km²;

（3）溶洼内多发育有大片石芽、溶斗、落水洞、溶洞等次级喀斯特形态。此外,溶洼内土层较厚,植被生长条件好,在面积较大的平州顶上有数个山顶村庄和大片的农田,在仰天山上则是茂密的森林,十分明显,在山顶古剥蚀面上形成了一种相对独立的景观环境（图5-3）。

这些古剥蚀面不仅在地貌学上有重要的研究意义,同时,因其与周围山地迥然有别的景观特色,与山、石、洞、泉、林以及古代文化遗迹或朴实的山村氛围等丰富景观要素的和谐组合,使其具有很高的旅游开发价值。现已成功开发的有两处,即青州仰天山景区和章丘锦屏山景区。其中的仰天山景区凭借其独特的船形山顶溶洼地貌形态、山上的茂密森林、长达1 080 m的灵泽洞等八处溶洞,以及始建于宋代的文殊古寺遗迹等诸多景观,成为一处非常好的集岩溶风光、森林生态、文化古迹旅游于一体的山地风景游览区。

▲ 图5-3　山东岩溶古剥蚀面—空中俯视仰天槽

二、地下溶洞

山东的溶洞据不完全统计约为1 100多个，其中长度超过500 m的大型溶洞目前所知有9个。50～500 m的中型洞穴约有80多个，这些溶洞分布于鲁中南山区各地，但以鲁山南北的沂源、博山、青州地区最为集中，这与该区碳酸盐岩质纯层厚、出露面积广、分布连续性好有关。最典型的是沂源土门镇，在面积约20 km²的范围内，集中发育了大小溶洞100多个。土门地区溶洞如此集中，除得天独厚的地质条件外，该处地形十分有利于地表、地下水的汇集，丰富的外源水使得土门地区溶洞十分发育。

岩溶发育条件好，旅游开发较好的溶洞有沂水的"地下大峡谷"、地下画廊、地下荧光湖（四门洞），青州的灵泽洞，博山的朝阳洞、开元洞，沂源的九天洞、养神洞、玄云洞、石龙洞等，其他大型洞穴多用于军事用途。九天洞是山东洞穴化学沉积物最丰富的岩溶洞穴，其中以石花最为发育，被称为天下石花第一洞（图5-4）。

▲ 图5-4　九天洞丰富的化学沉积物（石笋、钟乳石、石柱、鹅管、盾帐、石幔、石花等）

三、泉及泉群

山东的岩溶大泉众多，据统计，全省泉水总流量在102～140万m³/d之间，流量大于1 000m³/d的泉水就有40处之多，济南泉群、明水泉群、泗水泉林、临朐老龙湾泉群、淄博龙湾泉群和滕州荆泉泉群等处更是在5万m³/d以上。滕州羊庄泉群、枣庄十里泉、邹县渊源泉、新泰官里泉、大汶口上泉、淄博神头泉、沂源南峪泉、沂南铜井泉等10余处泉水流量在1万m³/d以上。济南泉群出水量为全省之最，每昼夜涌出泉水达34.5万m³，平均每秒钟就有4 m³的泉水涌出。

在气候偏干燥的山东，人们对泉水是非常重视的，这不仅是因为其作为水资源的意义，还因其自然喷涌景观具有很高的观赏价值。如济南的趵突泉，其如雪涛倾注、白浪翻卷的喷涌奇观，历史上即受到人们的热爱和赞美，成为闻名于世的风景名胜。

"泉城"济南自古就有"齐名甘泉，甲于天下"之美誉，以泉眼众多、集中，泉水流量大而著名。济南泉群泉水点有百余处，列入72名泉的43处，泉水集中分布在老城区，东起青龙桥西到筐市街，南自正觉寺街，北到大明湖，总共约2.6 km²。根据泉水分布特征和泉水出露情况，划分为四大泉群。

济南四大泉群分别为趵突泉泉群、黑虎泉泉群、五龙潭泉群、珍珠泉泉群。

趵突泉：名列济南众泉之冠，是济南三大名胜之一，位于济南市中心区趵突泉公园内。趵突泉是公园内的主景，泉池东西长30 m，南北宽20 m，泉分三股涌出平地，泉水澄澈清冽，号称"天下第一泉"。泉的四周有大块砌石，环以扶栏，可凭栏俯视池内三泉喷涌的奇景。在趵突泉附近，散布着金线泉、漱玉泉、洗钵泉、柳絮泉、皇华泉、杜康泉、白龙泉等三十多个名泉，构成了趵突泉泉群。趵突泉公园的南大门横匾"趵突泉"蓝底金字，是清朝乾隆皇帝的御笔，有人誉为中国园林"第一门"。

黑虎泉：位于老城区东南，以池南壁有三个石雕虎头，泉水从虎口流出而得名。题名在金代以前。源出悬崖下深凹的的洞穴中，泉水经三石虎头喷出，波澜汹涌，水声喧腾。附近有琵琶、金虎、

111

汇波、溪中、玛瑙、九仙女等名泉十四处，组成黑虎泉群（图5-5）。

五龙潭：又名灰湾泉。在济南市旧城西门外，南距趵突泉约0.5 km。由五处泉水汇注而成，水深数尺，广约亩许，状若深潭，旧有"大唐相国公秦叔宝之故里"石碑。周围还有古温泉、月牙泉、醴泉、江家池等泉水21余处，组成五龙潭泉群，汇入西护城河，向北流

△ 图5-5　黑虎泉

△ 图5-6　五龙潭

入小清河。如图5-6所示。

珍珠泉：在济南市泉城路北。泉从地下上涌，状如珠串。泉水汇成水池，约一亩见方，清澈见底。附近还有濯缨、五府、溪亭等十处名泉，组成珍珠泉群（图5-7），都流入大明湖。清刘鹗《老残游记》描绘济南"家家泉水，户户垂杨"的景色，就是这一地区。

济南市区的四大泉群历史悠久，具有灿烂的历史文化。历代帝王，文人雅士驻足济南，留下了众多赞美泉水的诗文。泉群处名胜古迹众多，红楼绿树，环境洁静优雅，风光旖旎。

🔺 图5-7　珍珠泉

Part 6 溶洞乾坤概说

当进化论获得科学界的普遍认可时，全世界便开始寻找属于自己祖先的古猿的踪迹，结果人们发现，这些类人猿的生活环境大多与洞穴有关。在中国乃至世界上已发现的古人类化石中，位于洞穴中的也占据了多数。

洞穴不仅为人类的祖先提供了天然的住房，也成为人类文明的摇篮。

古人类的栖息地

洞穴为人类的祖先提供了天然的住房，遮挡风雨雷电，抵御虎豹豺狼，保持冬暖夏凉，为人类的繁衍提供了绝佳的场所。

在中国众多的自然洞穴中，已有一些发掘出含有古人类的化石、石器和灰烬遗迹等的文化层堆积，这些文化堆积对研究人类文化发展史具有重要的意义。这些洞穴中有广西柳城出土了巨猿化石的巨猿洞；北京周口店发掘出了四五十万年前的北京猿人头盖骨的猿人洞；北京的山顶洞，挖掘出三个完整头盖骨和代表七个不同个体的骨骼化石，还有人工取火的工具，以及钻、磨、锯、骨器和装饰品等，其所属文化时代距今约数万年；桂林南郊独山西南麓的甑皮岩洞，是原始社会母系氏族公社时期人类居住及埋葬的地点，距今约7 000~10 000年。

——地学知识窗——

北京猿人的发现

1929年12月，裴文中先生在北京房山县周口店龙骨山的山洞中发掘出第一个中国猿人头盖骨。这一发现曾轰动了世界。此后又发现了六具完整的头盖骨；还有其他部位的骨骼化石，分属几十个男女老幼的个体。此外，还有十几万件石器、灰烬遗迹及烧石、烧骨等，表明中国猿人于四五十万年前就已能制造工具及控制火种。但是，最令人痛心的是，在1937年7月7日，日本军国主义者发动对华侵略战争后不久，我国所发掘的第一具中国猿人头盖骨在转移过程中丢失，迄今仍查无下落，成了20世纪的一大悬案。

近些年来，古脊椎与古人类学者黄万波教授在重庆巫山县800多米高程的古洞穴中发掘出古猿人（有待进一步定名）的化石，其年代距今约180万~190万年。这一发掘成果表明，中华大地是古人类的发源地之一；人类并不是只起源于非洲。

在中国，迄今已发现有古人类化石或文化层的洞穴，按这些化石及文化资料所属年代排列，有：

（1）距今180多万年前的古洞穴。主要是重庆巫山县的古洞穴。这里所发现的古猿人有待进一步发掘研究，但这已足以表明中国也是人类最早的发源地之一。

（2）距今70万~100多万年前的古洞穴。如湖北建始龙骨洞，湖南保靖洞泡山山洞，广西柳城巨猿洞，以及山西陵川文河乡古洞群。

（3）距今15万~70万年前的古洞穴。主要有北京猿人洞、辽宁营口金牛山洞、辽宁本溪庙后山人洞、山东沂源猿人洞（图6-1）、安徽和县猿人洞、安徽巢县猿人洞、湖北鄂西猿人洞、湖北鄂县猿人洞、云南丘北龙村洞、陕西辋川锡水洞，以及河北兴隆洞庙河洞。

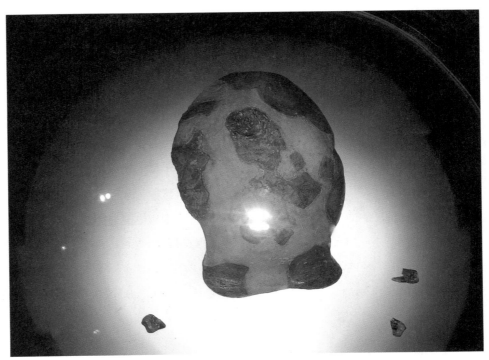

▲ 图6-1 沂源猿人化石

（4）距今1万年至15万年前的古洞穴。代表性洞穴有北京山顶洞人洞、辽宁喀左鸽子洞、辽宁东沟人洞、吉林安图人洞、河南安阳小南海洞、湖北长阳人洞、湖北大冶洞、浙江建德乌龟洞、浙江江山龙嘴洞、广西桂林宝积岩洞、广西柳江人洞、广东阳春独石仔洞、贵州兴义猫猫洞、贵州水城硝龙洞、贵州黔西观音洞、贵州桐梓洞、云南西畴仙人洞、浙江天目山华严洞，以及台湾台东长滨八仙洞。

（5）距今1万年以来的洞穴。重要洞穴如江苏溧水神仙洞、江西万年仙人洞、广西桂林甑皮岩洞、广西柳州白莲洞，以及广东封开黄岩洞。

上面所列的洞穴年代，是代表其中被发掘的化石年代；洞穴本身的年代，要比其所含化石的年代早得多。

文明的载体

洞穴岩画是人类童年期进行的艺术创作。近代最先被发现的洞穴岩画是在西班牙的阿尔塔米拉。1879年，小女孩玛丽亚跟随考古的父亲在洞穴附近玩耍，她离开父亲偶然爬进了一个低矮的洞口，当她点燃蜡烛抬起头时，一只"瞪眼的公牛"吓得她大叫起来，于是，举世闻名的史前洞穴壁画被发现了。法国的拉斯科洞穴壁画、肖维特洞穴壁画，从野兽到飞禽，从陆生动物到海洋鱼类，均有刻画。

在中国的岩溶洞穴中，岩画发现地极少。贵州六枝桃花洞、贵州长顺傅家院红洞、兴义猫猫洞、册亨燕子洞、丹寨银子洞等也有少量洞穴岩画遗存，遗憾的是保护状况也不甚理想。

许多岩画并未绘于洞穴内，而是在洞穴附近。广西壮族自治区宁明县的花山岩画就是其中的一例。在宁明县东南花山屯北明江东岸，有一座断崖山，山体临江的一面形成了一个内凹的石灰岩岩壁，赭红的岩画就绘在岩壁上（图6-2）。它是由战国、西汉、东汉时期的先民们创作而成，风格古朴，笔调粗犷，场面壮观。现存图像1 900多个，包括人物、动物和器物三类。

▲ 图6-2　断崖上的岩画

随着文明的进步，继洞穴岩画之后，洞穴也成了宗教活动的场所。中国三大宗教儒、道、佛的活动，也与洞穴有关。

儒家主要表现为题刻。在桂林龙隐岩中，碑刻如林，共有石刻220余方，内容涉及政治、经济、军事、文化等，形式有诗词、曲赋、铭文、对联、图像等，书体楷、草、隶、篆俱全，有"汉碑看山东，唐碑看西安，宋碑看桂林"之说。

七星岩摩崖石刻群是蜚声中外的文化遗迹之一，是国家级重点保护文物。七星岩摩崖石刻至今计有630余幅，石刻中的文体有诗、词、歌、赋、对联、题记，其中诗有252首，篆、隶、楷、行、草等各种字体皆备，且所处地点比较集中，面貌比较完整。其中李邕的《端州石室记》、冯敏昌的《七星岩五首》、黎简的《南服陨石》被称为七星岩石刻诗词的三绝。七星岩摩崖石刻群，不仅仅是一首首文情并茂的山水诗，而且是千年沧桑的历史印记。陈毅元帅曾撰诗称它为"千年诗廊"，叶剑英元帅于1964年4月游览七星岩期间曾写七绝一首："惜得西湖水一圜，更移阳朔七堆山；堤边添上丝丝柳，画幅长留天地间。"

七星岩石室洞内的碑刻丰富多彩，

篆、隶、楷、行、草尽在其中，多家流派各显其长，可称得上是一部中国的书法简史，如图6-3所示。

道家的"洞天"情结。道教中的"洞天"可通达上天，贯通诸山，是神仙统治之所。道家的仙客们在隐居山林的过程中，构建出三十六洞天、七十二福地的庞大体系。当然，此洞天非彼洞天，道教中的洞天更是一种象征，一个洞天，一座名山，一个世界。遗憾的是，在中原"道统"的视野中，岩溶洞穴分布集中的云南、贵州、广西等地却没有一个进入"洞天福地"的行列。

贵州有幸，一位大儒的到来，将这里一个不起眼的小洞变成了著名的文化"洞天"。明正德元年（1506年）二月，时任兵部主事的王阳明为朋友打抱不平，

得罪了大宦官刘瑾并顶撞了皇帝，发配到贵州龙场驿（今修文）做驿丞，相当于在乡镇车站中管理车马迎送之事。他在修文旁边的栖霞山里发现了一方可以遮风避雨的小洞，便直接搬到这里居住。从庙堂之高，到江湖之远，王阳明在洞中苦读悟道，创立了以"心即理""致良知"、"知行合一"三说为核心的"心学"体系，影响数代人的行事理念。

如今，阳明洞已经成为贵州重要的文化基地，洞不大，深约10 m，前后相通，洞口题刻"阳明先生遗爱处"，洞口边两棵苍翠的古柏相传为王阳明亲

△ 图6-3　七星岩摩崖石刻群

手所植。阳明洞的名气充分说明一个道理：山不在高，有仙则灵，洞不在深，有"心"则名。

小小的阳明洞，是文人悟道的圣地。在普通百姓的眼中，洞穴又笼罩着一层神秘的光辉，仿佛神仙圣人驻足之所，是他们祈福来生和现世的最佳地点，贵州镇远县的青龙洞就是这样的载体。

镇远古镇素有"滇楚锁钥、黔东门户"之称，军事和移民造就了这里多元文化的融合，小小的古镇中瑰丽的文物古迹令人目不暇接。镇远的青龙洞，积聚了镇远文化之精华。青龙洞的古建筑群初建于明代中期，巧妙地将建筑物修筑在山崖上、洞口内，充分利用了洞穴空间，30多座明清建筑盘绕于洞崖之间。它背靠青山，面临绿水，贴壁临空，五步一楼，十步一阁，翘翼飞檐、雕梁画栋，气势雄伟，布局精巧。洞穴和庙宇结合在一起，很好地烘托出宗教的神秘和天人合一的理念。青龙洞组群以道教为主，三教合一，并地方宗教很好地集合在一起。如图6-4所示。

图6-4 贵州青龙洞的道教圣地

图6-5 杭州灵隐寺前

佛教也充分利用了岩溶洞穴宣扬自己的教义。溶洞入洞口多陡壁，在其上雕刻佛像可长久保存。杭州西湖西侧的灵隐寺，寺前有一岩龛，在岩龛入口有佛像多座，如图6-5所示。

贵州的佛洞山寺也是佛家经典所在。佛洞山寺位于修文县六广镇六广河大桥旁，右有贾家洞，洞中有石刻佛，架木为寺，名"佛洞山寺"。该洞距离河面150 m高，下临六广河，与黔西县隔河相望，是一座两厅相通开有天窗的天然溶洞。佛洞分大佛堂（即前洞）、玉佛殿（即后洞）、伏龙洞（洞中洞）。佛堂的布置与溶洞的发育格局很好地结合，既是对佛祖塑身的一种保护，又可产生一种敬畏感。

佛洞山寺正殿入口前，有片紫树林，傍林岩上无数怪石嶙峋，层层叠叠，宛若南海普陀山五百罗汉打坐。相传此地是清代同治年间义军打破藏匿富户的贾家洞时，洞里二甲"节妇烈女"朱李氏、王李氏、刘吴氏和陈秀英、王永第、毛贵芝、陈六妹等舍身跳岩保节处，故称"舍身岩"。今江水回流成湖，在此可览六广七峡左岸之苍鹰搏击、白马奔腾、岩燕群飞、双虹饮水和生花妙笔等奇观，香客莫不逗留纳凉观景。

大千洞藏

古有成语"学富五车，书通二酉"，指的就是大酉山、小酉山两山山洞中藏书千卷的记载。相传秦始皇"焚书坑儒"时，朝廷博士官伏胜冒死从咸阳偷运出书简千余卷，藏于二酉洞中，先秦文化典籍得以流传后世。在这里，岩溶洞穴成了文明的保护者。

岩溶洞穴中常年保持着14～22℃的恒温，有助于白酒酿造所需的多种微生物的繁衍生息和生物反应，对酒的醇化十分有利，经过"洞藏"的白酒较一般白酒更为醇厚、芳香、优雅、细腻，享有"洞中贮一日，开瓮香千里"的美誉。在5000多年前，我国西南地区的苗族先民就以洞为居，且利用岩溶洞穴进行酿酒。我国许多名酒都有"洞藏"历史，酱香浓郁。

天宝洞是郎酒的洞藏之所。洞内常年恒温在18～22℃之间，洞中的酒坛里存放着美酒，挥发的酒分子凝结于洞壁，日积月累，形成夹杂着多种微生物、厚达数厘米的酒苔。适宜的温湿度和微生物群，对酒的有机醇化生香起到稳定醇熟的作用。通过恒温洞藏，挥发掉了有害的物质，促进了有益的微量元素的生长，因而酱香更为细腻饱满。纪录片《再说长江》中说道："大自然恩赐的天然洞穴中包含着无限的玄机，酒分子与空气中的微生物长年作用，形成洞壁上的酒泥（酒苔），这些有着旺盛活力的生命，带来郎酒'酱'香成分中新的神奇指数。"

我国历史上第一个航空发动机制造厂，于1942年在贵州省大定县（今大方县）乌鸦洞内建成，同一时期，还有大量的洞穴军工厂开始出现在岩溶洞穴中。洞穴特有的空间、结构、隐蔽等条件被运用到了军事方面。

洞穴内部较大的落差以及地下河的较大流量和流速也被人们加以利用，在洞穴内修筑发电站来解决用电问题，云南省丘北县六郎洞里就建有中国第一座利用地下洞穴水的发电站——六郎洞水电站。

附　录

世界前10名的长洞

编号	洞穴名称	长度/m	深度/m	所在国家
1	Mammoth Cave System	556 849	115.5	美国
2	Optimisticcskaja	212 000	15.0	乌克兰
3	Jewel Cave	205 626	192 .7	美国
4	Holloch	184 026	941 .0	瑞士
5	Lechuguilla Cave	172 154	485.9	美国
6	Wind CaVe	167 581	202.4	美国
7	Fisher Ridge CaVe System	164 575	108.6	美国
8	Siebenhegste—hohgant Hohlensystem	145 000	1 340.0	瑞士
9	Ozemaja	117 000	8 .0	乌克兰
10	Gua Air.Jemih	109 000	355.1	马来西亚

为了让读者全面了解洞名，现在把这10个洞的中文名按顺序写在下面：

1. 犸猛洞；2. 石膏洞；3. 珍珠洞；4. 霍洛赫洞；5. 列楚基耶洞；6. 风洞；7. 渔人岭洞穴系统；8. 塞本赫斯特—霍淦洞穴系统；9. 奥泽娜娅洞；10. 瓜爱尔杰尼赫。

附录2
世界前10名的深洞

编号	洞穴名称	深度/m	长度/m	所在国家
1	Veronja Cave（Krubera Cave）	1 710.0	/	格鲁吉亚
2	Lamprechtsofen Vogelshacht Weg Schacht	1 632.0	5 000	奥地利
3	Gouffre Mirolda / Lucien Bouclier	1 616.0	9 379	法国
4	Reseau Jean Bemard	1 602.0	20 000	法国
5	Torca del Cerro（del Cuevon）	1 589.0	2 685	西班牙

右上角 续表

编号	洞穴名称	深度/m	长度/m	所在国家
6	Sama	1 530.0	5 455	格鲁吉亚
7	Shakla Viachesla，Pantjuldaina	1 508.0	5 530	格鲁吉亚
8	Ceki2（Cehi Ⅱ）"la Vendetta"	1 500.0	3 959	斯洛文尼亚
9	Sistema Huautla	1 475.0	55 953	墨西哥
10	Sistema del Trave（LaLaureola）	1 441.0	9 167	西班牙

为了让读者全面了解词名，现把这10个洞的中文名按顺序写在下面：1.维鲁佳洞；2.兰普列赫斯道芬；3.米赫尔达深渊；4.让·伯纳德；5.托卡·德·塞罗；6.萨玛；7.维亚车斯拉伐·潘久契娜；8.塞克2号洞；9.华特拉洞穴系统；10.特拉沃洞穴系统。

附录3　　　　　　　　　中国长洞排名表

排名	洞穴名称	地理位置	长度/m	围岩时代
1	双河洞（白云岩）	贵州省绥阳县	161 788	寒武—奥陶纪
2	百朗地下河洞穴	广西乐业	75 000	
3	二王洞—三王洞	重庆市武隆县	62 000	寒武—奥陶纪
4	腾龙洞	湖北省利川市	52 800	早三叠世
5	波心地下河洞穴系统	广西凤山	>40 000	早寒武世
6	白水洞	贵州省江口县	22 450	早寒武世
7	多缤洞	贵州省修文—息烽	21 100	早三叠世
8	黄金洞群	湖北咸丰	>20 000	
9	穿岩洞	贵州省安龙县	17 262	中三叠世
10	飞虎洞	湖南省龙山县	17 000	
11	百魔洞	广西巴马县	13 735	晚泥盆世
12	织金洞（打鸡洞）	贵州省织金县	12 100	
13	金佛洞	重庆市南川区	11 600	
14	大洞	湖北省五峰县	10 932	
15	尼石	广西桂林市	10 200	中泥盆世

124

排名	洞穴名称	地理位置	长度/m	围岩时代
16	金伦洞	广西马山县	10 000	
17	所略地下河	广西巴马县	9 300	早石炭世
18	寨洞	湖北省鹤峰县	8 402	
19	垌坝洞	重庆市武隆县	7 234	
20	万华洞	湖南省郴州市	6 745	石炭纪
21	洞河	湖北省鹤峰县	6 69I	
22	申峰洞	四川省通江县	6 500	
23	碧云洞	贵州省盘具	6 500	
24	Y331洞	贵州省六枝特区	6 113	
25	汽坑洞	重庆市武隆县	5 880	
26	洞西天坑	湖北省五峰县	5 844	
27	望天洞	辽宁省桓仁县	5 635	中寒武世
28	元宝山溶洞	云南省会泽县	5 200	早二叠世
29	神仙洞	贵州省独山县	4 965	晚泥盆世
30	白洞	广西乐业县	4 862	
31	龙宫	贵州省安顺市	4 500	三叠
32	天泉洞	四川省兴文县	4 200	早二叠世
33	黄龙洞	湖南省张家界市	4 000	早三叠世
34	燕子洞	云南省建水县	4 000	中三叠世
35	孽龙洞	江西省萍乡市	4 000	
36	川岩	广西钟山县	3 600	
37	天台山溶洞	云南省威信县	3 200	早二叠世
38	消洞	贵州省金沙县	3 180	早寒武世
39	南洞	云南省开远市	3 140	中三叠世
40	水洞	辽宁省本溪市	3 134	中奥陶世早期

此表引自程新民先生《辽宁桓仁望天洞洞穴特征及形成时代》一文，根据陈伟海先生等著的《重庆武隆岩溶地质公园，地质遗迹特征、形成与评价》和吴胜明先生著的《中国溶洞之旅》和网络查询的最新资料作了修改、调整和补充。

附录4 中国前10名的深洞

排名	名称	深度/m	长度/m	位置
1	汽坑洞	1 020	5 880	重庆武隆
2	六尺凹口下洞	832	/	重庆武隆
3	大坑洞	775	/	重庆武隆
4	垌坝洞	656	7 234	重庆武隆
5	寨洞	552	8 402	湖北鹤峰
6	吴家洞	436	/	贵州水城
7	白雨洞	424	/	贵州盘县
8	大硝润	419	1 185	重庆武隆
9	格必河洞	418		贵州紫云
10	大洞	417	1 197	重庆武隆

附录5 中国最重要的11个天坑

名称	地点	口部直径/m	口部面积/m²	最大深度/m	备注
小寨	重庆奉节	626～537	274 000	662	1
大石围	广西乐业	600～420	166 600	613	2
号龙	广西巴马	800～600	320 000	509	3
硝坑	重庆奉节	328～180	45 000	286	/
冲天岩	重庆奉节	300～160	41 500	168	/
穿洞	广西乐业	370～270	73 000	312	4
黄獠	广西乐业	320～170	5 170	161	5
中石院	重庆武隆	697～555	278 200	213	6
下石院	重庆武隆	1 000～545	352 064	373	6
小岩湾	四川兴文	625～475	200 000	248	7

附录6 中国最大的洞穴大厅

名称	地点	面积/m²	体积/m³	世界排名 面积/体积
苗厅	贵州格必河	120 000（1）	4（3）×10⁵	2/4
犀牛大厅	贵州安龙	77 000（2）		
红玫瑰大厅	广西乐业	70 000（3）	7（1）×10⁵	5/2
阳光大厅	广西乐业	30 000（10）	5.2（2）×10⁵	23/3

备注：马来西亚穆鲁国家公园中鹿洞的沙捞越大厅，面积为162 700 m²，体积1.20×10⁶ m³，是世界上面积最大的洞穴。

附录7 中国若干名洞的洞穴大厅的面积

洞名或厅名	地 点	面积/m²
芦笛岩	广西桂林	14 700
都乐岩	广西柳州	6400
莲花厅	广西阳朔莲花洞	870
清风洞	浙江建德灵栖洞天	6 000
双龙洞	浙江金华	1 200
冰壶洞	浙江金华	2 000
朝真洞	浙江金华	2 540
流光泻玉厅	四川兴文天泉洞	22 000

附录8 其他中国岩溶记录

1. 双河洞是中国最长的岩溶洞穴，也是"世界最大的白云岩洞穴"，"世界最大的天青石洞穴"。

2. 小寨天坑无论是深度和容积（1.2×10⁸ m³）都是中国和世界上已发现的规模最大的岩溶天坑。

3. 大石围天坑西侧绝壁高达569 m，是世界最高的绝壁之一。总体规模仅次于小寨和号龙，

位居中国和世界第三。

4. 最贵的石笋，湖南张家界黄龙洞中的"定海神针"高达19.2 m，最细之处只有10 cm，1998年，黄龙洞的管理者为"定海神针"投保1亿元巨额保险。

5. 广西乐山—凤山世界地质公园鸳鸯洞，洞中石林、石笋的密度和高度中国第一，中间有根石笋高36.4 m，是世界第三高，仅次于古巴的67.2 m和意大利的38 m。

6. 长江三峡是中国最长的、最雄伟的岩溶峡谷。

7. 罗妹莲花洞的镇洞之宝"莲花盆王"是目前发现的世界上最大的莲花盆，它直径达到9.2 m，面积近70 m^2。

8. 贵州马岭河峡谷是中国瀑布最多的峡谷，也是钙华沉积最丰富的峡谷。

附录9　　　　　　　　　　　山东省大型溶洞一览表

洞名	位置	所处地层	长度/m	溶洞类型	景观特点
地下大峡谷	临沂沂水县院东头乡九顶莲花山	朱砂洞组	>2 000	单通道水平、裂隙状	规模较大，碳酸钙沉积丰富，可地下漂流
朝阳洞	淄博博山区岭前村	马家沟群	>1 600	单通道水平状	规模较大，碳酸钙沉积丰富，有水流
皇宫洞	淄博沂源县土门镇	马家沟群	1 100	单通道水平状	规模较大，碳酸钙沉积较丰富
九天洞	淄博沂源县土门镇	马家沟群	1 200	单通道水平状	石花最为丰富
四门洞	临沂沂水县院东头乡四门洞村	朱砂洞组	1 096	多分支水平状	规模较大，碳酸钙沉积较丰富
灵泽洞	潍坊青州市仰天山	炒米店组	1 080	落水洞水平洞	落差大，洞内瀑布
上崖洞	淄博沂源县土门镇	马家沟群	830	单通道水平状	规模较大，有少量碳酸钙沉积
盘龙洞	济南市港沟镇	马家沟群	780	单通道水平状	规模较大，有少量碳酸钙沉积
开元洞	淄博博山区东高村	马家沟群	745	单通道水平状	规模较大，碳酸钙沉积丰富
下崖洞	淄博沂源县土门镇	马家沟群	750	单通道水平状	常年流水

参考文献

[1] 《地球科学大辞典》编委会.地球科学大辞典[M]. 北京：地质出版社，2006.

[2] 李全科. 中国国家地理（喀斯特专辑）[J]. 中国国家地理：2011（10）.

[3] 袁道先，刘再华，林玉石，等. 中国岩溶动力系统[M]. 北京：地质出版社，2002.

[4] 袁道先，刘再华. 碳循环与岩溶地质环境[M]. 北京：科学出版社，2003.

[5] 郭纯青. 中国岩溶生态水文学[M]. 北京：地质出版社，2007.

[6] 欧阳孝忠. 岩溶地质[M]. 北京：中国水利水电出版社，2013.

[7] 朱千华. 南方秘境：中国喀斯特地理全书[M]. 北京：中国林业出版社，2013.

[8] 吴胜明. 瑰丽的地下艺术殿堂—中国溶洞之旅[M]. 北京：中国建筑工业出版社，2009.

[9] 陈安泽. 中国喀斯特旅游资源类型划分及旅游价值初步研究[M]. 北京：地震出版社，2004.

[10] 王经胜. 溶洞—科普知识博览. 地球百科[M]. 北京：北京联合出版社，2013.

[11] 赵建，赵鹏. 山东喀斯特地貌发育的基本特征[J]. 地貌·环境·发展—2004丹霞山会议文集
    [C]；2004.

[12] 赵鹏，赵建. 济南南部山区喀斯特洞穴特征[J]. 山东国土资源：2004（6）.

[13] 宋林华. 喀斯特地貌研究进展与趋势[J]. 地理科学进展：2000（3）.

[14] 朱学稳. 长江三峡南岸名列世界前茅的喀斯特形态与现象[J]；中国岩溶；1995（3）.